이것은
수학
입니까?

ONE, TWO, THREE: The Beauty and Symmetry of Absolutely Elementary Mathematics by David Berlinski
Copyright ⓒ 2011 by David Berlinski
All rights reserved.

This Korean edition was published by Eidos Publishing Co. in 2013 by arrangement with David Berlinski c/o Writers House LLC through KCC(Korea Copyright Center Inc.), Seoul.

이 책의 한국어판 저작권은 한국저작권센터(KCC)를 통해
저작권자와 독점 계약한 에이도스에 있습니다.
신 저작권법에 의해 한국 내에서 보호를 받는 저작물이므로 무단 전재와 무단 복제를 금합니다.

자연수, 0, 음수, 분수 그리고 사칙연산의 논리

이것은 **수학** 입니까?

데이비드 벌린스키 지음 | 이경아 옮김

에이도스

우리가 읽는 이유는 이미 알고 있는 걸 밝혀내기 위해서다.
—V. S. 네이폴

| 머 리 말 |

이 책은 기초수학, 즉 자연수, 0, 음수, 분수에 관한 이야기를 다루고 있다. 그렇다고 해서 교과서나 논문, 자습서는 아니다. 다만 내가 이제껏 써왔고 앞으로 쓰게 될 다른 수학책들의 주춧돌 역할을 해주었으면 하는 바람이다.

수학자들은 수학이 세 개의 거탑에 의해 스카이라인이 형성되는 도시와 흡사하다는 상상을 줄곧 해왔다. 이는 공교롭게도 인류의 위대한 지적 문화를 상징하는 국가기관(입법, 행정, 사법)을 연상시킨다. 거대한 이들 구조물은 각각 공간, 시간, 기호와 구조를 다루는 기하학, 해석학, 대수학에 바쳐진 것이다.

고대 바빌로니아의 신전탑인 지구라트만큼이나 위풍당당한 이들 구조물에는 신성한 분위기마저 감돈다. 또한 이들 구조물이 서 있는 공동의 기반 역시 그곳을 드나드는 인간의 발길에 의해 신성하게 다져졌다.

그곳은 바로 가장 기초적인 수학의 영역이다.

수학의 수많은 영역은 매혹적으로 빛나며 이색적이다. 반면 기초수학은 청구서를 지불한다든지, 생일을 기념한다든지, 대출금을 상환한다든지, 빵을 자른다든지, 거리를 측정한다든지 하는 삶의 본질적 문제를 일깨운다. 한마디로 매우 현실적이다. 내일이라도 당장 세상에 있는 모든 수학 교과서가 그 속에 담긴 주옥같은 내용과 함께 흔적도 없이 사라진다면 미적분학을 재발견하는 데는 수백 년이 걸릴 테지만, 대출금과 이를 표시하는 숫자는 불과 며칠이면 복구될 것이다.

우리가 흔히 배우고 이따금 써먹는 기초수학을 하다보면 골치 아픈 문제에 몰입해야 할 때가 있다. 인내심이 요구되며, 즐거움은 뒷전이다. 소수점이 갈피를 못 잡고, 음수가 양수가 되고, 분수가 갑자기 거꾸로 물구나무서기를 하는 것처럼 보인다.

$\frac{3}{4}$을 $\frac{7}{8}$로 나누면 얼마가 될까?

전자계산기 덕분에 대개 이런 문제 정도는 어려움 없이 해결할 수 있게 됐다. 백 년 전 사람들이 문제를 해결하고자 애쓰던 것보다 훨씬 빠르고 정확하고 쉽게 답을 얻을 수 있는 것이다. 기초수학에서는 (설령 반은 잊어버리고 반만 기억할지라도) 모든 게 친숙하다는 느낌이 그나마 위안을 주며, 계산기와 컴퓨터는 한 치의 오차도 허용치 않을 만큼 정확하다. 하지만, 오늘날 없어서는 안 될 컴퓨터 기억장치와 기술은 분명한 의문을 불러일으킨다.

'어째서 우리는 이미 알고 있거나 적어도 이미 알고 있다고 생각한 것을 굳이 배우려 하는가?'

혼란스러운 질문이다. 기초수학의 기법을 쓰는 것과 이를 '설명'하는 일은 전혀 별개의 문제다. 가령 누구든 2+2처럼 두 자연수를 더할 수 있다. 그러나 덧셈이 어떤 의미를 지니며 그것이 어째서 정당한지를 설명하는 일은 훨씬 어렵다. 덧셈의 의미를 설명하고 이에 대해 정당성을 제공하는 것은 수학이다. 또한 이렇게 해서 얻은 이론은 모든 위대한 지적 시도가 그렇듯 기교와 정교함이 필요하다.

반면 기초수학은 틀에 얽매이지 않고 자유롭게 존재할 수도 있었다. 기초수학은 그 이론과 좀처럼 일관성을 보이지 않았을지도 모른다. 이런 의미에서 기초수학은 특별한 이유 없이 길이 사방팔방으로 갈라지거나 절망적으로 뒤엉킨 채 끝나버리는 지도와 닮아 있다. 그러나 기초수학을 설명하고 그 기술을 정당화하는 이론은 지적으로 일관성을 갖는다. 또한 강력하며 이치에도 맞다. 직관을 거스르는 법도 없다. 따라서 수학이라는 학문에 적합하다. 하지만 가장 간단한 수학 연산―이를테면 덧셈―이라 할지라도 우리가 이해하지 못하는 뭔가가 남아 있다. 우리는 완벽하게 이해하기를 바라지만 자연(혹은 삶)에는 완벽하게 이해할 수 있는 것이 하나도 없기 때문이다.

그럼에도 거기에서 나온 이론은 근본적이다. 이를 의심해서는 안 된다. 어린 시절 배웠던 주요한 것들은 사라지고, '아주 기초적인 수학의 계산과 개념은 하나씩 세나가는 행위만으로 통제된다.'는 생각이 그 자리를 대신한다. 여기에는 효과의 경제, 그리고 자연과학에서 발견되는 것만큼이나 극적이랄 수 있는 경험의 본질로의 전환이 있다.

19세기 말이 돼서야 사람들은 비로소 이를 이해하게 됐다. 그로부터 한 세기가 지났지만 기초수학의 이론은 여전히 널리 인식되지 못하고 있다. 학교 교육은 거의 도움이 되지 않는다. 독일의 수학자 에드문트 란다우는 『해석학의 기초』에서 "학교에서 배운 것은 잊기를 바란다. 여러분은 그것을 배운 적이 없다."라고 썼다.

나 역시 독자 여러분이 갖고 있는 지식의 일부를 잊어버리도록 종종 요청할 것이다.

비밀은 전수되는 것이 마땅하다. 오늘날 수학에 관한 글을 쓰는(혹은 수학을 가르치는) 일은 누구에게나 친숙하다. 하지만 누구도 수학을 그리 많이 좋아하지 않는 게 우리의 현실이다. 체스와 마찬가지로 수학은 집념을 불러일으킬 만한 힘은 갖고 있지만, 애정을 줄 정도까지는 아니다.

어째서 그래야만 할까? 수학 기피증이란 말인가?

거기에는 두 가지 분명한 이유가 있다. 수학은 생소한 분위기로 초보자를 기죽게 만든다. 난해한 기호가 많이 사용되면 분위기는 더욱 심각해진다. 수학의 기호 체계는 인내를 요구하면서도 즐거움은 좀처럼 가져다주지 않는 듯이 보인다는 점에서 짜증스러움마저 느껴진다.

'뭐 하러 고생을 사서 하는가?'

기호 장치가 수학을 이해하는 데 걸림돌로 작용한다면 그것이 만들어내는 논증은 또 다른 장애요인이다. 수학은 증명의 문제다. 증명이 없다면 수학은 아무것도 아니다. 그러나 확실성을 입증하기란 만만치 않다. 간단한 수학적 논증조차도 상당한 수준의 세부 항목을 필요로 하는 경우가 종종 있다. 더욱이 증명의 복잡한 구조와 그것이 증명하려는 단순하고 분명한 사실 사이에는 골치 아픈 차이가 존재한다. 0과 1 사이에는 아무런 자연수도 없다. 누구도 그걸 의심하지 않는다. 하지만 우리는 이를 단계별로 절차를 밟아 증명해 보여야 한다. 거기에는 어려운 개념도 요구된다.

'뭐 하러 고생을 사서 하는가?'

까다로운 거래도 불가피하게 필요하다. 수학에서는 뭔가를 얻으려면 먼저 어떤 것을 투자해야만 한다. 그렇게 해서 얻은 것도 결코 투자한 것만큼 분명치 않다. 수많은 남성과 여성이 꺼리는 거래인 셈이다.

'대체 뭐 하러 고생을 사서 하는 걸까?'

이런 의문은 부끄러운 게 아니며, 답변을 찾을 만한 가치가 충분히 있다.

수많은 수학 분야의 경우에 답변은 분명하다. 기하학은 공간, 즉 점과 점 사이의 신비한 것을 연구하는 학문이다. 기하에 무관심하다는 것은 곧 물리적인 세계에 무관심하다는 것이다. 대부분의 학생들이 오랫동안 알 필요가 있는 무언가를 마지못해 배운다는 생각으로 유클리드 기하를 받아들인 것도 바로 그 때문이다.

그럼 대수학은? 학생들은 대수학에 반감을 가지면서도 대수에 사용된 기호가 사물의 끊임없는 변화를 제어하는 신비스런 힘을 가지고 있다는 생각에 끌리기도 했다. 농부와 거름은 고대의 교과서에서 주요한 소재였지만, 오늘날 교과서에서는 에너지와 질량이 중요하다. 아인슈타인이 특수상대성이론을 만들어내는 데는 고등학교 수준의 대수 '만' 가지고도 가능했다. 하지만 그는 고등학교 수준의 '대수'가 필요했고, 이것이 없었다면 특수상대성이론을 만들지 못했을지도 모른다.

수학에서 해석학은 미적분을 연구한 유럽 수학자들에 의해 원숙해졌다. 이들은 자신들에게 가장 위대한 과학 이론이 최초로 주어졌다는 사실을 바로 알아차린 사람들이었다. 해석학의 중요성을 의심하거나 그 주장을 비웃는 것은 인간이 얻을 수 있는 가장 풍요롭고 고도로 발달된 지식의 본체를 무시하는 처사다.

그렇다. 이는 무척이나 고무적인 이야기다. 하지만 가장 기초적인 수학은 어떤가? 근래 들어 프랑스 수학자 알랭 콘느는 수학적 사고가 원시적이며 그런 사고가 아직까지 학문 분야로 나뉘지 않은 영역을 설명하고자 '고대 수학'이란 용어를 만들어냈다. 우아하고도 적절한 표현이다. 또한 기초수학이 적절하게 나타날 때 절대적 진리의 위엄을 드러내는 이유를 설명해준다. 기초수학은 근본적이며, 언어와 마찬가지로 인간의 본능적인 의사 표현 행위다.

가장 기초적인 수학 '이론'은 인간의 상상력 깊숙이 존재하는 무언가를 현대적인 용어로 설명한 것이다. 오랜 세월에 걸쳐 발전을 이룬 기초수학 이론은 자아의식의 놀라운 훈련을 보여준다.

고생을 사서 해도 좋은 이유는 바로 이 때문이다. 수학자의 시각으로 오래되고 친숙한 곳을 바라봄으로써 우리가 처음으로 그것을 볼 힘을 얻을 수 있다는 의식을 갖게 된 것이다.

이는 절대로 하찮게 볼 일이 아니다.

CONTENTS

머리말   6

CHAPTER 1. 자연수는 신의 선물
수 16 | 필경술 17 | 독특한 인물 18 | 모든 인간의 마음속에 존재하는 21 | 부인, 염소, 수 23 | 신의 작품 24

CHAPTER 2. 수
수와 기호 27 | 모든 기호의 대가, 알 콰리즈미 29 | 자릿수 표기법 30

CHAPTER 3. 역설
집합 24 | 단 하나뿐인 36 | 집합의 역설 38

CHAPTER 4. 수학과 논리학
확실성 39 | 인간에게 확실한 것은 없다 41 | 예외 조항 42 | 최고의 논리학자 43 | 만약 그렇다면 어떻게 될까? 44 | 버팀목 47

CHAPTER 5. 피에르 아벨라르
냉정한 대가 51 | 파멸 54

CHAPTER 6. 유클리드와 페아노의 공리
수의 공리 57 | 2차 국제회의 60 | 페아노 공리 61 | 일 가토파르도 64

CHAPTER 7. 유클리드를 타도하라

연속 67 | 0에서 시작해서 1씩 더하기 69 | 유보된 죽음 71 | 유클리드를 타도하라 73

CHAPTER 8. 수학의 은유

덧셈 77 | 덧셈을 정의할 필요가 있을까 80 |

CHAPTER 9. 덧셈의 정의

내림에 의한 82 | 새로운 표기법 84 | 세 가지 조항 86 | 시공간 속에서 88 | 4 더하기 3 89

CHAPTER 10. 곱셈의 정의

곱셈 93 | 곱셈의 정의 95 | 3과 2의 곱 97 | 거듭제곱 99 | 지수의 거듭제곱 101

CHAPTER 11. 자연수 대사전

대사전 104 | 십진법부터 107

CHAPTER 12. 정의, 정리, 공리

재귀 109 | 공정한 평가 112 | 객관성 113 | 재귀 이론 114 | 재귀 이론은 무슨 일을 하는가? 116

CHAPTER 13. 아우구스투스 드 모르간

법칙을 찾아낸 사람들 118 | 19세기 영국을 대표한 수학자들 119 | 중립적인 영국인 121 | 졸업 시험을 4등으로 통과하다 122

CHAPTER 14. 다섯 가지 산술 법칙

절차를 따르는 수학 124 | 영향력 있는 장치 125 |

CHAPTER 15. **수학적 귀납법**

초월적 성격의 집단 132 | 귀납법 133 | 넘어지는 도미노 134 | 톱니바퀴 136 | 정렬 집합 139

CHAPTER 16. **소냐 코발레프스키**

열정 142

CHAPTER 17. **덧셈에 대한 결합법칙의 증명**

증명 148

CHAPTER 18. **음수의 역설**

0의 반대쪽 154 | 어두운 쪽 156 | 안 됐군, 피에르 158 | 거리 159 | 빛 160

CHAPTER 19. **대칭성**

뺄셈 163 | 깨진 대칭성 165 | 정수 체계 166 | 음수의 정체성 167

CHAPTER 20. **현대 대수학**

설렘 170 | 대수 171 | 오래된 대수 172 | 새로운 대수 173 | 상승의 수단 174 | 데어 뇌터 176

CHAPTER 21. **환의 공리**

기초수학의 핵심, 환 181 | 환 184 | 긍정의 축적 185 | 세부 항목이 일부 빠진 대략적인 개요 187

CHAPTER 22. **부호의 법칙**

부호 언어 190 | 덧없는 명성 195 | 다른 측면 197

CHAPTER 23. 다항식의 환

고대 세계로부터 199 | 간접 식별 201 | 이중적 의미 203 | 공통의 이해관계 205 | 다항식의 환 206 | 항등식의 중요성 208 | 새로운 경계 211

CHAPTER 24. 분수의 조밀성

최후의 연산, 나눗셈 213 | 부분에서 전체로 214 | 둘을 위한 하나 216 | 분수가 아닌 것 218 | 한편으로는 219 | 그런 반면에 221 | 세상에 맞서라 225

CHAPTER 25. 항등원과 역원

수의 영역 229 | 하나님만이 아는 것 231 | 항등원과 역원 233 | 더 이상 증명할 게 없다 234 | 이야기의 끝 239

맺는 말 241

• 인명 및 저서명 찾아보기   246

CHAPTER 1

자연수는 신의 선물

양 하나, 양 둘, 양 셋. 그 뒤를 이어 양털이 ……

| 수 |

　자연수 1, 2, 3, ……은 우리의 일상에서 두 가지 역할을 한다. 자연수가 없으면 셀 수 없기 때문에 '몇인가?'하는 질문에 답을 할 수가 없다. 자신이 보고 있는 양이 한 마리인지 두 마리인지 말할 수 없는 사람은 양을 '식별'하지 못하는 것이다. 그 사람은 그저 양 발굽 위의 수북한 양털만을 물끄러미 바라볼 뿐이다. 양이 한 마리도 없다는 불안감에서 그를 벗어나게 해주는 것은 다름 아닌 자연수다. 12세기 프랑스 샤르트르 출신의 티에리는 "수의 창조는 곧 '사물'의 창조였다."라는 말을 남겼다.
　셈은 사물에 독자성을 부여함으로써 차이를 만들어낸다. 양 셋은 양 세 '마리'를 나타낸다. 자연수는 분할과 구분에 대한 본질적 표현이다. 결국 1과 2라는 수 사이에는 어떠한 자연수도 존재하지 않으며, 닮은 구석이 아무리 많더라도 별개의 존재들 사이에는 그 무엇도 존재할 수 없다. 자연수의 분리성은 우리의 피부 표면만큼이나 절대적이다. 즉, 접촉은 허용하지만 아쉽게도 서로 뒤섞이는 법은 절대 없다.

세상에는 셀 수 없는 물질도 분명 존재한다. 이를테면, 진흙을 예로 들 수 있다. '진흙'이란 단어는 어디서 어떤 형태로 발견되더라도 별 상관없이 진흙을 가리키는 것처럼 보인다. 하지만 경험보다 셈을 중시하는 지적 충동이 지나치게 강해선지 우리는 진흙 얼룩 한 '점', 진흙 한 '줌', 진흙 한 '더미'처럼 진흙까지도 셀 수 있는 일상적 표현을 마련해두었다. 그런 식으로 하면 진흙 얼룩 '한' 점, 진흙 '두' 줌, 진흙 '세' 더미란 표현도 가능하다. 양을 셀 때 이용된 하나, 둘, 셋이 진흙을 분류하는 데에도 쓰인다. 얼굴이 가죽처럼 다소 거칠고 두 개밖에 남지 않은 금니 주위로 뺨이 움푹 들어간 스페인의 양치기가 양과 더불어 자기 삶을 정렬할 수 있게 해준 것은 다름 아닌 자연수다.

이들 양치기의 말처럼 '첫 번째' 녀석은 내 것, '두 번째' 녀석은 당신 것, '세 번째' 녀석은 그 사람 것, 하는 식으로 말이다.

| 필경술 |

지금으로부터 5천 년을 훨씬 거슬러 올라가 사막의 태양은 물론 세상 만물이 모두 새롭던 시절, 수메르인들은 아이들에게 기초수학을 반복해서 가르쳤다. 수메르의 아이들은 기본 원리를 배웠으며 교사들은 기초수학의 본질을 파악하고 있었다. 그들에게 기초수학은 만만치 않은

것이었다. 수메르의 필경사들은 과세 기록, 사업상의 청구, 법적 규정, 부동산 거래 등을 점토판에 알아보기 힘든 글씨체로 새겨 넣는 기술을 어린 시절 이후로도 수년간 교육 받았다. 이들이 바로 인류 역사상 최초로 수학에 대한 친밀감을 남긴 사람들이다.

한편 필경사들은 천직을 수행하기에 부족하다는 생각으로 괴로워하지 않았다. 누군가 이렇게 썼다. "필경술은 대가들의 아버지다." 그러고는 오직 필경사만이 "묘비를 쓰고[새기고], 들판을 그리고, 셈을 치를 수 있었다."고 덧붙였다.

본문에는 간극이 있어 흐름도 중간에 끊긴다.

그러다 양끝에서 떨어진 곳에 필경사의 지적인 위엄을 연상시키는 단어가 나온다. …… '왕궁' ……

기원전 3천 년 말, 모래사막으로 뻗어나가던 수메르 제국은 마침내 그곳을 정복했다. 수메르의 필경사가 기초수학에 대해 느낀 친밀감은 아마도 사막 바람 혹은 활발한 시대사조를 타고서 당시 상형문자의 새로운 힘에 도취된 중국의 고관대작들에게 전해진 다음, 다시 바빌로니아인에게 전해짐으로써 고대 사회 전역에 널리 퍼졌을 것이다.

다양한 사회는 저마다의 방식으로 고유의 목적을 이루고자 기초수학을 이용했다. 그럼에도 어느 사회든 뭔가 놓치고 있는 게 있었다. 우리를 비롯해 모든 걸 알았거나 알고 있는 사회는 없다.

| 독특한 인물 |

레오폴트 크로네커는 1823년 동프로이센의 소도시인 리그니츠에서 태어났다. 1944년 말 러시아군의 탱크 굉음에 흔들리던 리그니츠는 오

늘날 레그니차로 불리며 폴란드에 속한다. 동프로이센은 역사 속에 사라져버렸다.

크로네커의 얼굴은 사진에서 알아보기가 쉽지 않다. 강렬한 조명과 장시간의 노출이 전체적인 얼굴선을 어둡게 만들었기 때문이다. 근엄한 주름은 레오폴트 크로네커와 윌리엄 테쿰세 셔먼 장군[1] 사이의 확인할 길 없는 혈연관계를 보여준다. 두 사람 모두 이마가 튀어 나오고 머리는 삭발하다시피 짧게 깎았다. 움푹 들어간 두 눈은 어딘지 우울해 보인다. 적어도 이 모든 것에서 크로네커는 흠잡을 데 없이 엄격한 프로이센인의 모습을 하고 있다. 그러나 그의 코는 인종 특유의 활기를 띠며 콧마루에서 의기양양하게 갈고리처럼 굽었다가 길쭉한 콧등으로 이어진다.

나는 여기서 누군가의 코를 놀림거리로 삼으려는 것이 아니다(내 코도 그 못지않게 특이하기 때문이다). 다만 다른 수학자들과 분명히 구별되는 크로네커의 재능을 전하고 싶을 뿐이다. 크로네커는 사유의 역사에서 보기 드문 인물로, '수학' 회의론자였다. 그는 완전히 이해할 수 없는 개념에는 동의하지 않았으며, 자신이 대부분의 수학적 개념을 완전히 이해할 수 없다는 성급한 결론에 도달했다. 우울함의 대명사였던 크로네커는 음수에 대해서도 실수에 대해서도 집합에 대해서도 '아니다'라고 부정한 반면, 자연수에 대해서는 '그렇다'라고 긍정한 것으로 유명하다. 이는 오랜 사고와 경험의 대상에 대한 긍정이며, 유한한 일련의 과정을 거쳐 자연수로 회귀한 어떤 수학적 구조라도 아우르기에 충분한 단 한 번의 긍정이다.

1천 번에 걸쳐 '아니다'라고 부정하다가 단 한 번 '그렇다'고 긍정한 크

---

[1] 미국의 군인. 남북 전쟁 당시 북군을 지휘했다(옮긴이).

로네커는 점잖고 나긋나긋하지만 한편으론 자기만족에 빠진 독특한 개성의 소유자였다.

레오폴트 크로네커는 20대부터 동프러시아에 있는 숙부의 토지 관리를 맡아 사업 경력을 쌓았다. 현실적인 업무에 남다른 능력을 타고 난 그는 8년에 걸쳐 부를 축적했다. 그 후 베를린에 호화스런 대저택을 구입한 크로네커는 숙부의 딸인 파니 프라우스니체르와 결혼하고 나서 자신의 집을 문화와 교양의 중심지로 만들었다.

부유했던 크로네커는 수학 교수직에는 별 관심이 없었다. 당시 유럽의 이름난 수학자들은 세상을 떠난 몇몇 교수의 체온이 여전히 남아 있는 교수실 의자를 서로 차지하고자 혈안이 돼 있었다. 의자 주위를 빙빙 돌던 그들은, 음악이 멈추고 나면 체면 차릴 것 없이 앞 다퉈 빈자리를 차지하려고 했다. 당연히 자리를 얻지 못한 대부분의 수학자는 낙심을 하게 마련이었다. 게오르그 칸토어 같은 천재 수학자들도 베를린으로부터 강의 제의를 수년간 기다리다 요청을 받지 못하면 실망이 이만저만한 게 아니었다.

크로네커 선생은 교수가 되는 일에 그다지 관심을 보이지 않았다. 교수직을 얻거나 생계를 위해 그렇게 아등바등할 필요가 없었기 때문이었다. 다만 아쉬운 것은 베를린 대학에서 강의할 권리였다. 크로네커는 그런 기회가 오기만을 간절히 기다렸다. 정수론, 타원함수, 대수학의 논제를 다룬 그의 논문들은 전혀 획기적이라고는 할 수 없으나 모든 면에서 주목할 만했다. 마침내 1861년에 베를린 아카데미의 회원으로 선출된 그는 대학에서 강의할 권한을 얻었다.

최고 지위에 오르는 것을 극구 사양하던 크로네커는 어느 샌가 자신이 가장 높은 위치에 올라와 있음을 알게 됐다. 일단 그 자리에 오르자 그는 자신과 견해가 다른 사람들을 괴롭히기로 마음먹었으며, 지칠 줄 모르는 열정으로 이를 활발히 실행에 옮겼다.

| 모든 인간의 마음속에 존재하는 |

인류의 초기 역사에서 신석기 시대의 사냥꾼은 도끼 손잡이에 수많은 홈집이나 눈금을 새겨두었다. 자신이 죽인 들소를 기록해둔 걸까? 알 수 없다. 그보다는 내 선조였을 그가 천성적으로 사색적인 사람이어서 자신의 경쟁자들에게 그처럼 살찐 들소를 맡기면서 숫자를 본래부터 사물에 내재된 속성으로 여겼으리라 믿고 싶다.

인류 역사의 초기부터 나타난 자연수는 모든 사람의 마음속에서 자연스럽게 생겨났다. 그렇지 않았다면 누구든 산술적인 계산을 배우는 일이 불가능했을 것이다. 인류학자늘은 각기 다른 사회에서 경험에 관한 가장 기본적인 사실을 체계화하는 방식이 철저히 다르다는 점에 간혹 놀라기도 한다. 이를 눈으로 확인하는 것이 여행의 묘미라고 말하는 사람도 있다. 그럼에도 우리말로 하나, 둘, 셋, 영어로 원(one), 투(two), 쓰리(three), 라틴어로 우누스(unus), 듀오(duo), 트레스(tres), 아카드어[2]로 디쉬(dis), 민(min), 에쉬(es)는 정확히 같은 수를 가리킨다. 설령 염소 눈이 하르툼(수단의 수도)에선 맛있는 별미지만 뉴욕에선 그렇지 않다 해도 두 도시 어디서든 염소 눈은 셋이 둘보다 하나 많은 게 사실이다.

자연수는 워낙에 널리 알려져 있어서 이를 깊이 생각해볼 기회가 좀처럼 없다. 당장 자연수가 없다면 갈피를 잡지 못하고 헤맬 텐데도 우리

---

[2] 고대 메소포타미아에서 쓰인 셈어의 한 갈래로, 특히 아시리아인과 바빌로니아인들에게서 사용됐다(옮긴이).

는 자연수를 당연한 것으로 여긴다.

자연수는 늘 거기에 있기 때문이다.

하지만 자연수가 '무엇인가' 하는 것은 전혀 별개의 문제다.

영국의 논리학자이며 철학자인 버트런드 러셀은 1차 세계대전을 열렬히 반대했다. 양심적 병역거부 운동을 벌인 이유로 투옥된 틈을 이용해 그는 수의 본질에 관한 자신의 생각을 체계화시켰다. 모든 것이 넉넉지 않은 조건에서 집필이 이뤄졌을 것으로 보이지만, 러셀은 자유만 빼고 교도관들로부터 모든 편의를 제공받았다고 자서전에 기록했다.

러셀이 감옥에서 쓴『수리 철학의 기초』는 논리 분석에 관한 저술이다. 이 책은 수학자와 철학자들 사이에 막대한 영향력을 끼쳐왔다. 이는 자연수를 뭔가 '다른' 차원에서 설명하고 있기 때문이다. 러셀은 자연수란 본질적으로 "규정이 어렵기" 때문에 그런 식의 설명이 필요하다고 느꼈다. 자연수는 가장 일상적인 활동(이를테면, 양을 세는 일 따위)에서 영향력을 행사하고 있다. 하지만 자연수가 무슨 일을 하는지 규명하는 일은 자연수가 이를 어떤 식으로 수행하는지 규명하는 일보다 훨씬 쉽다.

우선, 수는 물리적 대상이 아니다. 수는 물리적 대상과는 전혀 차원이 다르다. 초원에 양 세 마리가 있다. 초원을 어슬렁거리며 풀을 뜯는 것은 양들이지 세 개의 수가 아니다.

그렇다고 수를 물리적 대상이 갖는 속성으로 볼 수는 없다. 양 세 마리는 색깔로 보면 흰색인 것과 마찬가지로 숫자로 보면 셋이다. 이는 적절한 해석이다. 그러나 셋이 되는 것이 흰색이 되는 것과 같다는 주장은 '어떤 속성이 양 세 마리를 셋으로 만드는가?' 하는 의문을 불러일으킨다. 우리는 무엇이 양을 흰색으로 만드는지 알고 있다. 그것은 다름 아닌 양들의 색깔이다. 하지만 양을 셋으로 만드는 것이 양들의 수라고 말하는 것은 왠지 시답잖아 보인다. 양들의 수를 안다면 이들 세 수를 더해 얼마가 될지 알 수 있을 것이다.

러셀은 '무엇이 양 세 마리를 셋으로 만드는가?' 하는 물음에 대해 양 세 마리는 세 개의 원소가 모인 다른 집합들과 유사하다고 주장했다. 이는 분명 맞는 얘기다. 그 점에서 양 세 마리와 양치기 세 사람은 같다. 각각 셋씩 존재하기 때문이다. 다음으로 러셀은 셋이란 점에서 같다는 것은 셋이란 수에 호소하지 않고도 정의할 수 있다는 주장을 펼쳤다. 이는 매우 중요한 조치다. 양치기를 각각 양 한 마리씩과 짝지을 수 있고 그 반대의 경우도 가능하다면 양 세 마리와 양치기 세 사람은 같다. 이 경우 수는 필요하지 않다. 양도 양치기도 남거나 모자라지 않는다.

기발한 생각이긴 하지만 역시 기대엔 못 미친다. 셋이란 수는 유사한 집합들을 내세우며 사라질 위기에 놓여 있다. 그렇다면 무엇이 양 세 마리로 이루어진 집합을 네 마리가 아닌 '세' 마리 양의 집합으로 만들었을까? 양치기 네 사람과 양 네 마리 역시 일대일로 대응시킬 수 있기 때문에 양과 양치기 모두 남거나 모자라지 않는다. 분명한 해답은 양 네 마리로 이루어진 집합이 양 세 마리로 이루어진 집합보다 양이 더 많다는 것이다.

실제로 그것은 정확히 한 마리가 더 많다.

| 부인, 염소, 수 |

자연수는 하나에서 시작해 하나씩 증가하며 끝없이 이어진다. 수에 대한 이해는 종족마다 다르다. 인류학자들에 따르면, 어떤 부족은 수의 개념이 전혀 없다. 사람들은 '하나, 둘, 많이' 하는 식으로 수를 세며, 둘

보다 큰 수에 대해서는 뭉뚱그려 그저 많다고 표현한다. 대추장의 입장에서 말하자면, '추장 한 사람, 염소 두 마리, 많은 부인', 이런 식이다.

하지만 나는 그런 의견에 회의적인 입장이다. 추장 부인들 가운데 한 명이 보쌈을 당하면 추장은 많은 부인에서 '하나가 모자란다'고 할 게 틀림없기 때문이다. 자신이 필요로 하는 부인의 수보다 '하나 부족하다'는 걸 판단할 능력이 추장에게 있다면, 그에게는 자신이 원하는 부인의 수보다 '하나 더 많다'는 걸 판단할 능력도 있을 것이다. 부족의 생존이 걸린 위기 상황에 내몰리면 추장은 '많은 부인, 많은 부인보다 하나 더 많은 부인, 많은 부인보다 하나 더 많은 부인보다 하나 더 많은 부인' 등등 자신에게 불만을 품은 사람을 일일이 열거하면서 그 수를 헤아려볼지도 모를 일이다. 그러다 아수라장이 된 집안 내력이 낱낱이 드러나기도 한다.

이와는 반대로 추장은 수를 거꾸로 세다 하나란 수의 본질에 이를 수도 있다. 그리하여 하찮은 일로 옥신각신 다투는 부인의 수를 자기가 거느린 추장의 수와 비교할지도 모를 일이다(이 경우 양쪽 모두 한 사람씩이다). 분명 힘겨운 셈 방식이겠지만, 정신노동을 하는 사람들은 간혹 세속적인 일에는 무관심한 법이다.

| 신의 작품 |

수가 무엇인지 설명하기 어렵다면 그것이 어떻게 이용되는지를 설명하기도 어렵기는 마찬가지다. 적은 수의 양을 세는 가장 익숙한 방법은 움켜쥔 주먹을 펴서 이들 양을 손가락 끝에 대응시키는 것이다. 양을 셀 때 우리는 대개 그렇게 한다. 하지만 양을 세는 방법으로서 사람의 손가

락을 세는 것은 그것이 아무리 익숙하더라도 직접 양을 세는 것보다는 설명이 쉽지 않은 단점이 있다. 가령 초원에서 작은 방목지로 양을 한 마리씩 이동시키는 물리적 행위를 통해 한 번에 한 마리씩 양 세 마리를 세보는 건 어떨까? 이런 방법도 어느 정도는 통한다. 뭔가 진행되는 중이며, 그 일이 끝날 때 뭔가 완료된다. 하지만 양 세 마리를 세는 것이 무얼 의미하는지 알고 싶다 해도 '세 번'에 걸쳐 양을 한 마리씩 세야 한다는 얘기를 전해 듣는 것은 문제를 이해하는 데 거의 도움이 안 될 것이다. 첫 번째 양이 두 번째 양에 '앞서' 방목지로 들어가고 두 번째 양이 세 번째 양에 '앞서' 방목지로 들어간다는 사실을 설명하는 과정에서 양치기의 손가락이 요긴하게 쓰일 때, 셈을 기다리는 것은 곧 순서를 기다린다는 뜻이다. 양치기는 첫째, 둘째, 셋째 손가락을 힘차게 펼친다. 그러나 양들이 일정한 순서로 뒤따른다면 양 무리에서와 '같은' 순서를 손가락에 적용하는 것은 간단치 않은 문제다. 손가락과 양 무리의 순서가 다르다면 손가락은 무슨 소용이 있을까? 둘의 순서가 같다면 그런 유사함은 무슨 소용이 있을까?

어느 시점에서(어쩌면 '지금 이 순간') 수와 그것이 있음으로 해서 가능한 연산 모두 뭔가 더 본질적인 것을 위해 자취를 감추고 만다는 식의 해석은 가당치 않다. 본질적인 것은 수다. 우리는 수를 더 잘 이해할 수 있다. 또 그것을 더 잘 묘사할 수도 있다. 그러나 수를 더 '낫게' 만들지는 못한다.

레오폴트 크로네커는, 자연수란 신의 선물이라고 언급한 바 있다. 그 밖의 모든 것은 인간이 만들어낸 소산이다. 이는 사고에 있어 기본적인 입장이다. 즉, 자연수는 설명이 불가능하다는 것에 대한 인정이며, 한편으론 수학자 고유의 연구는 이처럼 기묘한 선물을 받아들여 그로부터 다른 모든 것을 이끌어내야 한다는 제안이기도 하다.

  요컨대 기초수학에서는 신의 작품을 다룬다고 생각하는 편이 위안이 될 것이다.

수

헨리는 여섯 명의 부인을 뒀지만, '헨리'(Henry)는 다섯 개의 철자로 이루어졌다. 수와 그 이름 사이에는 차이가 있다. 이런 차이점이 없다면 수가 명명되는 방식을 이해하기 어려우며 오래전부터 전해져 내려온 문명화된 자릿수 표현법의 기술을 이해하는 것 역시 불가능하다.

| 수와 기호 |

수와 이름 사이의 차이는 수학자들도 이해하기 쉽지 않으며, 나로서도 식별이 힘들다. 호라티우스라면 뭐라고 했을까? 호메로스도 수긍하는 의미로 고개를 끄덕인다. '헨리'(Henry)가 다섯 개의 철자로 이루어졌다고 할 때 우리가 센 것은 이름인 반면, 헨리가 여섯 명의 부인을 뒀다고 할 때 센 것은 사람이다. 논리학자와 철학자들은 헨리의 이름을 표기

할 때 작은따옴표를 붙인다. 하지만 이 책에서는 굵은 글씨가 그와 같은 역할을 한다. 즉, 헨리가 아닌 **헨리**, 1이 아닌 **1**로 나타낸다.

이름과 수의 차이는 종종 놓치기 쉬우며, 수학자라고 해서 예외가 아니다.[3] 『수학은 정말 무엇일까?』라는 제목의 흥미진진한 책에서 로이벤 허시는 수가 명명되는 공식에 따라 수들 사이에 등식이 성립하는 관계를 정의한다. 허시에 따르면, "어떤 '공식'에 의해 하나의 수가 다른 수로 대체될 수 있고 그 반대의 경우도 성립한다면 두 '수'는 같다."[4]

하지만 이는 사실일 리가 없다. 아니 사실이 아니다. 공식은 종이 위에 나타낸 부호나 움직이는 공기 중의 소리, 컴퓨터 프로그램 내부의 행처럼 상징적 형태를 취한다. 어떤 공식에서든 넷이란 수를 대신할 수 있는 것은 아무것도 없다. 기호만이 기호를 대신할 수 있을 뿐이다.

반면 넷이란 수는 공식이 만들어지기 오래 전부터 그 수 자체와 같은 값을 가졌다. 물론 이는 지구의 열기가 식고 태양계가 형성되고 우주가 무(無)로부터 갑자기 생겨나기 전에도 마찬가지였다.

수의 정체성은 상징적 수단에 의존하지 않는다. 수는 그 자체로 수다. 수는 언제나 수 자체로 존재해왔다. 수는 절대 바뀌지 않는다. 하지만 수를 나타내는 숫자(결국엔 공식)는 명명하고 표시하고 지시한다. 숫자는 사물의 세계를 표현하는 기호를 만들 때 우리가 이용하는 장치의 일부다. 이름이 어떻게 사물을 나타내는지 알지 못하는 상황에서 기호가 어

---

[3] 이 책에서는 다음을 원칙으로 한다. 확실히 기호를 나타낼 때는 굵은 글씨를, 그러한 기호가 명명하거나 지정한 것을 나타낼 때는 일반체를 쓴다. 또 둘 사이의 구분이 모호할 때는 문맥을 따르며, 이 경우에도 일반체를 쓴다. 완전히 일관된 표현을 기대하는 독자들은 실망할 수 있을 테니 여기서 미리 밝혀두는 것이 좋겠다. 이 책은 논문은 아니므로 달리 제시할 방도가 없다.

[4] 존 파울로스는 2010년 5월 13일자 《뉴욕 북 리뷰》에서 작은 것 하나도 놓치지 않는 자신의 훌륭한 관찰력을 언급하며 "자동차 범퍼에 붙은 '전쟁은 해답이 될 수 없습니다'란 스티커를 볼 때면 오히려 나는 '조직적인 무장 충돌을 가리키는 세 개의 철자로 이루어진 단어는 뭘까?'하는 질문엔 전쟁(war)이 가장 확실한 해답이라고 생각한다"고 썼다.

떻게 수를 나타내는지 설명하기는 쉽지 않다. 『천일야화』에서 왕자는 이를 그 무엇보다 훌륭하게 설명한다. "어느 언어든 알라의 음덕에서 나온 정신이나 빛이나 감화력의 지배를 받지 않은 문자는 없다."

모든 기호의 대가, 알 콰리즈미

자연수를 명명하는 데 쓰인 표기법은 아라비아 숫자로, 이는 이미 9세기 초 수학자들 사이에서 널리 통용된 듯하다.

아라비아 숫자를 서양에 전파하는 데 가장 깊이 관여한 사람은 아부 자파르 무하마드 이븐 무사 알 콰리즈미다. 8세기 후반에 태어나 9세기 중반에 세상을 떠난 알 콰리즈미는 당대 최고의 수학자들 가운데 한 사람으로 통한다. 그의 삶에 대해서는 알려진 바가 많지 않기 때문에 좋은 쪽으로 해석된다. 아라비아어를 사용했지만 페르시아인이었을 것으로 추정되는 그는 일각에 따르면, 조로아스터교도였다는 설도 있다. 오늘날 그의 모습을 담은 우표엔 머리에 터번을 두르고 길쭉하고 근엄한 얼굴에 수학자의 기백이 엿보이는 매부리코와 빈틈없이 늘어뜨린 곱슬한 수염이 인상적인 인물로 묘사돼 있다. 또 다른 우표엔 이와는 전혀 달리 둥그스름한 얼굴에 쾌활하면서도 빈틈없는 사람으로 그려져 있다.

무엇보다도 알 콰리즈미가 수학자들의 주목을 받을 수 있었던 것은 대수에 관해 쓴 『복원과 대비의 계산』의 영향이 컸다. 특히 자릿수 표현법에 관해 쓴 장은 그를 세상에 널리 알리는 데 기여했다. 알 콰리즈미는 인도와 아라비아의 수학 사이에서 가교 역할을 했다. 그는 양쪽을 동시에 볼 수 있는 능력을 가진 몇 안 되는 수학자 가운데 한 사람이었다.

오늘날 우리는 알 콰리즈미가 만든 방법을 이용한다. 9세기 초 이를 동료들과 세상에 처음으로 소개할 때 그는 "가장 다채로우면서도 빠른 계산법, 가장 이해하기 쉬우면서도 배우기 쉬운 계산법"을 담아냈다고 주장했다. 그러면서 "유산, 상속, 분할, 거래"에서 더할 나위 없이 유용하다는 말을 덧붙였다.

알 콰리즈미에 대한 최고의 찬사는 모든 기호의 대가, 만고에 길이 남을 위인이다.

| 자릿수 표기법 |

아라비아 숫자는 **1, 2, 3, 4, 5, 6, 7, 8, 9**의 9가지 심미적인 형태로 이루어져 있다. 1부터 9까지의 숫자는 기본적이면서도 근원적이다. 이들 기호는 처음에 시작할 뭔가가 필요하다는 점에서 기본적이고, 이보다 단순한 어떤 것으로 분해할 수 없다는 점에서 근원적이다.

부족한 게 있다면 이들 기호를 이용해 9보다 큰 자연수를 표기하는 방법이다. 물론 그냥 놔두면 이들 9개의 숫자만으론 9개의 수를 명명하는 일 외에는 아무것도 할 수가 없다.

천부적인 재능을 타고난 바그다드의 상인이라면 십을 **9+1**로 나타냈을지 모른다. 그 다음 수는 아마 **9+1+1**로 나타냈을 것이다. 170드라크마에 이르는 청구서의 경우엔 몇 페이지에 걸쳐 계속될 테니 이런 방법이 상업에 실질적으로 도움이 됐을 리 없다.

이 문제에 대한 해법은 단계적으로 나타났으며, 수학에서 종종 해법이 만들어지는 방식을 취했다. 즉, 대충 만들어놓은 다음 신중을 기해 대대적인 정리를 하는 식이었다. 결국 수학적 표기법보다 사업적인 용무가 급했던 과거의 상인들은 선적 서류나 판매 서류를 작성할 때 십을

1+X 또는 간단히 줄여 1X로 나타냈다. 여기서 1은 새롭고 낯선 '자리'를 빌려 십이란 수를 나타냈으며, X는 십에 아무것도 더하지 않고 다만 자릿수를 표현하는 기호로 이용됐다.

뒤따르는 수에도 정확히 같은 방식이 적용돼 1X+1 또는 11로 나타낼 수 있었다. 바그다드 상인은 뭔가 심오한 것을 발견했을 수도 있고, 십을 1X로, 십일을 11로 나타냄으로써 상인과 수학자 모두에게 활짝 열린 자동문이나 다름없는 자릿수 표기법의 실마리를 찾아낸 걸 알아차리고는 만족스러워했을 수도 있다.

ab의 형태(여기서 **a**, **b**는 1부터 9까지 수를 대신한다)로 합성된 수에서 자리는 무엇보다 중요한 요소다. **a** 옆에 붙은 **b**는 1의 단위수를 표기하고 **a**는 10의 단위수를 표기한다. 오래 전 세상을 떠난 상인이 작성했던 선적 서류는 아마도 이렇지 않았을까?

Ψ

'세상에서 가장 막강하고, 가장 고귀하고, 가장 자비로운 알라에 맹세코'

대추야자: 17드라크마

기름: 13드라크마

아몬드: 1X드라크마

무화과: 1X드라크마

여기서 이들의 합계인 5X드라크마의 자릿수 표기에 쓸모 있는 X가 또 다시 등장한다.

자릿수를 나타내는 X는 나중에 0이란 기호로 대체됨으로써 5X는 오늘날 우리에게 친숙한 형태인 **50**으로 표기된다.

 자릿수를 나타내는 기호는 그 후로 발전을 거듭하면서 대대적인 정리가 이루어져 오늘날 0은 당당히 하나의 수로 인정을 받게 됐다. 거기에는 나름대로 충분한 이유가 있다. 2와 0의 합은 2이다. **0**을 자릿수를 나타내는 기호로만 간주하는 것은 이러한 기호의 정체성에 혼란을 초래한다. 자릿수를 나타내는 기호를 수에다 '더할' 수는 없다. 이는 말의 이름이 경주에 출전할 수 없는 것과 마찬가지다.

 그러나 **0**이 자릿수를 나타내는 기호에서 살아있는 수의 이름으로 발전한 것을 두고 논리적 치밀함의 전형으로 보기는 어렵다. 0이 이름이라면 그것이 '무엇'을 가리키는가 하는 문제가 있기 때문이다. 2 더하기 0이 여전히 2라는 사실에 비춰볼 때, 분명한 해답은 0이 '무'(無)를 가리킨다는 것이다.

 하지만 0이 무를 나타낸다면 2에다 0을 '더하는' 일은 좀처럼 이해하기 힘들다. 어떤 것에다 아무것도 아닌 것을 '더하는' 일은 불가능하기 때문이다.

 반면에 **0**이 뭔가를 가리킨다면 2에다 어떤 것을 더해도 여전히 2일 수밖에 없는 이유 역시 설명이 어렵다. 이 경우 아무것도 아닌 것처럼 작용하는 것이 영뿐이라고 주장하는 것은 별반 효과가 없다. 예로부터 수학자들은 어떤 것이 때론 아무것도 아닌 것이 되기도 한다는 논지를 받아들임으로써 이런 어려움을 해결해왔다. 이는 평정심을 갖고 대하기 힘든 형이상학적 결과물이다.

 물론 이와는 정반대로 아무것도 아닌 것이 때론 뭔가 중요한 것이 되기도 한다는 논지는 인류가 내린 가장 유용한 선언 가운데 하나다.

 인도인의 사고에서 텅 빔, 비존재, 비형성, 비창조를 의미하는 슈냐

(shunya)와 영 사이에는 어떤 관계가 있다. 정말 신기하게도 영은 무한, 비슈누[5]의 발, 물 위의 여행과도 연관이 있는 것처럼 보인다.

  19세기 초까지도 영국의 많은 수학자들은 영을 불편해하고 음수를 싫어했다. 내가 그들 축에 끼어 있었더라도 나 역시 그들의 주장을 받아들였을지 모른다. 그렇더라도 시대에 그리 뒤떨어진 처사는 아니었을 것이다.

---

5) 힌두교의 3대신 가운데 하나로, 악을 제거하고 정의를 유지하는 평화의 신으로 불린다. 비슈누는 10가지 화신으로 세상에 거듭나는데 그중 첫 번째 화신은 물고기로, 두 번째 화신은 거북이로 등장한다. 이는 근원적인 바다로부터의 탄생을 상징하며 해양과 깊은 관계가 있는 것으로 보인다(옮긴이).

CHAPTER 3

역설

   사물의 근본이 존재한다면 그것에 이르려는 욕구는 물리학자들에게만 있는 게 아니다. 이보다 더 근본적인 것이 존재할 수 있다면 수를 근본적인 것으로 받아들이는 이유는 뭘까? 정말 왜 그럴까?

| 집합 |

   19세기 말 집합론의 등장으로 버트런드 러셀을 비롯한 많은 수학자들은 보다 근본적인 것을 위해 자연수를 대체할 수 있는 장치를 자신들이 찾아냈다고 믿었다. 게오르그 칸토어가 창시한 집합론은 19세기 수학에서 가장 주목할 만한 독보적 성과로 꼽힌다. 독일의 위대한 수학자 다비트 힐베르트는 이를 두고 지상낙원이라 부를 만큼 큰 감동을 받았다. 그는 감탄과 유감이 절묘하게 뒤섞인 어휘를 구사하는 신중한 문장

가였다.

집합은 군대, 부족, 집단, 앙상블, 사자 떼, 양 떼, 군중, 무리, 패거리처럼 '계통이 같은' 것들의 모임이다. 결국 이들 단어는 모두 집합의 동의어로 사용되거나 일관성을 위해 집합 개념에 의지한다. 라비(유대교의 율법학자)의 무리, 라비의 집합, 라비의 모임은 어느 경우든 단순한 라비 더미 이상의 의미를 지닌다. 현명하게도 칸토어는 집합을 두고 실제적이거나 잠재적인 사유의 대상이라고 한 것 외에는 아무런 언급도 하지 않았다.

집합은 본래 거기에 속한 원소를 갖고 있다. 원소인지 아닌지 여부는 집합론에서 토대를 이루는 관계이다. 어떤 것이 집합에 '속하는가' 혹은 '속하지 않는가' 하는 물음에 대한 답변보다 더 중요한 관계는 있을 수 없다.

집합의 개념에는 아주 놀라울 정도의 자유가 존재한다. 이런 자유는 가장 단순한 집합을 만들어내는 일조차도 위험하게 만든다. 오랫동안 양으로 살아왔기 때문에 양 세 마리는 하나의 집합(이론상의 무리)으로 생각해야 한다. 수학자들은 중괄호 사이의 우리에다 {양1, 양2, 양3}으로 양들의 이름을 모아 기호로 만들었다.

양 세 마리, 즉 세 개의 원소로 시작했다면 이제는 '넷'이 존재한다. 양 세 마리'와' 이들을 모아둔 집합이다. 그 집합이 다시 한 번 사고의 대상이 된 것이다.

그렇지 않다면 우리는 이제까지 무얼 생각해온 걸까?

이제 우주는 집합 {{양1, 양2, 양3}}을 포함한다. 이 집합의 유일한 원소는 양 세 마리로 이루어진 집합이며, 이 집합의 원소는 또 다시 그놈의 양들이다. 방금 전까지만 해도 양이 몇 안 되던 우주에 '다섯' 개의 대상이 존재한다.

이런 과정은 무한히 계속될 수 있다. 집합은 반복에 의해 무분별하게 늘어난다. 물론 여기에는 고유한 수학적 과정이 작용하는 건 아니다. 아니, 전혀 수학적인 것으로 볼 수 없다. V. S. 네이폴[6]은 쿰(이란 중북부의 도시)에 사는 신앙심이 깊은 독자를 두고 "이 같은 믿음은……"이라고 평하면서 신자들의 믿음이 얼마나 독실한지를 설명할 단어를 찾지 못해 "믿음 안의 믿음"이라는 말을 덧붙였다. 결국 집합이 만들어지는 연산처럼 믿음 역시 믿음 그 자체와는 별도로 자가 증식("믿음 안의 믿음"하는 식으로)할 수 있다는 것이다.

통제의 기준이 없기 때문에 이러한 반복에는 왠지 모를 광기가 서려 있다. 신자들에게는 믿음 안의 믿음 안의 믿음이란 게 존재할까?

코란 23장은 "믿는 사람들은 번성하나니"라는 불가사의한 구절로 시작된다.

| 단 하나뿐인 |

양의 집합은 원소가 양이다. 스모 선수의 집합은 원소가 스모 선수다. 하지만 스모 선수이면서 양인 것은 없다. 다행히 그런 집합은 텅 비어 있다. 그렇더라도 비어 있을 뿐이지 '집합'이 없는 것은 아니다.

오히려 그와는 정반대다. 다시 말해, 집합은 그것을 이루는 원소가 급격히 줄어들더라도 존재할 수 있는 추상적 대상이다. 그 많던 양이 어느 순간 한 마리로 줄어 양의 무리가 사라져버릴 수도 있다. 양의 무리는

---

6) 제3세계의 솔제니친이라는 별칭이 붙을 정도로 제3세계 문학과 깊은 관계가 있는 서인도제도 출신의 작가로 2001년 노벨 문학상을 수상했다. 그의 에세이 『믿음을 넘어서』는 이슬람 문명의 영광과 모순을 파헤치고 이슬람 원리주의에 대해 신랄한 비판을 가한 것으로 유명하다(옮긴이).

결국 양일 따름이다. 하지만 양의 '집합'은 양이 없는데도 살아남아 저편에서 원소가 전혀 없는 집합으로 나타난다.

집합론에서 볼 때, 원소가 없는 집합들은 이들 집합에 아무것도 속하지 않았다는 점에서 한 가지나 다름없다. 두 집합이 같은 원소를 갖고 있기 때문에 똑같다면 공집합은 아무런 원소를 갖고 있지 않기 때문에 똑같다. 집합의 원소라고 해서 이보다 더 중요하지는 않다. 이보다 배타적인 조직은 없다. 결과적으로 공집합은 오직 하나 존재한다. 수학자들은 이를 ϕ로 나타낸다. 이 기호는 힘을 잃은 채 무작정 노려보는 눈과 아주 많이 닮았다.

공집합을 0에 대응시키는 술책에 따라 0을 둘러싼 의문들은 저절로 해결됐다. 공집합을 두고 어떤 학생은 이렇게 표현했다. "손님 없는 잔치와 다를 바 없네요."

정말이지 그렇다. 0이 없다면 상품을 팔거나 수학을 하는 것 역시 불가능하기 때문에 상인들은 물론 수학자들도 이에 만족한다.

0이 공집합에 대응된다면 1은 공집합만을 원소로 갖는 집합, 즉 $\{\phi\}$에 대응된다. 그 집합에는 원소가 하나 있다. 2 역시 같은 방식으로 공집합과 공집합을 원소로 갖는 집합이 원소인 집합으로 정의된다. 즉, 2는 $\{\phi,\{\phi\}\}$와 같다. 요컨대 모든 자연수는 수를 쌓아올리는 대신 '집합'을 쌓아올려 만들어낼 수 있다. 따라서 모든 자연수는 특별한 집합에 대응된다.

이것은 수를 집합에 대응시킬 수는 있지만, 집합이 결코 수보다 근원적이지 않다는 걸 보여준다. 집합 $\{\phi,\{\phi\}\}$이 두 개의 원소로 이루어져 있음을 확인하려면 우선 그것을 세볼 필요가 있다. 집합을 세는 것은 양을 세는 것만큼이나 자연수에 의존한다.

│ 집합의 역설 │

칸토어 생전에 논리학자들은 집합론에 일관성이 없다는 주장을 공공연히 펼쳤다. 사실 수학에서 일관성이 없는 것만큼 위험한 일은 없다.

러셀의 패러독스는 수많은 역설 가운데 가장 유명하며 설명하기도 쉽다. 어떤 집합은 자신을 원소로 갖고 어떤 집합은 자신을 원소로 갖지 않는다. 모든 집합들의 집합 역시 집합이며, 이 역시 사유의 대상이 된다. 그러나 모든 양들의 '집합'은 하나의 집합일 뿐 한 마리의 양은 아니다.

러셀은 자신을 원소로 갖지 '않는' 모든 집합들의 집합이 무엇인지 물었다.

'그 집합'은 자신을 원소로 갖는가?

자신을 원소로 갖지 않는다면 자신을 원소로 갖게 되고, 자신을 원소로 갖는다면 자신을 원소로 갖지 않게 된다.[7]

이는 어느 누구에게든 만족할 만한 답변은 아니다. 수학자들은 자신들의 학문 분야에서 일관성이 지켜진다고는 믿지 않는다.

1908년, 에른스트 체르멜로는 집합론에 관한 공리(公理)를 제안하면서 그런 공리를 받아들이면 모든 것이 잘될 것이라고 주장했다.

오늘날까지 그의 공리가 맞는지는 밝혀지지 않고 있다. '공리'란 것이 원래 증명이 불가능하기 때문이다.

그리되면 0에 관한 이제까지의 얘기는 모두 공연한 것이 되고 만다.

---

[7] 자신을 원소로 갖지 않는 집합들의 집합을 A라고 할 때, 우선 A가 A의 원소가 아니라고 가정해보자. 그럼 A는 자신을 원소로 갖지 않는 집합이 된다. 그런데 가정에서 A는 자신을 원소로 갖지 않는 집합들의 집합이었다. 따라서 A는 A에 속한다. 다음으로, A가 A의 원소라고 가정해보자. 그럼 A는 자신을 원소로 갖는 집합이 된다. 그런데 가정에서 A는 자신을 원소로 갖지 않는 집합들의 집합이었다. 따라서 A는 A에 속할 수 없다(옮긴이).

CHAPTER 4
수학과 논리학

　인간의 지식은 원래 불안정하다. 우리는 서로에 대해 잘 알지 못할 뿐만 아니라 대개는 우리 자신에 대해서도 잘 알지 못한다. 당신이 알고 있다고 생각한 것은 실제로 당신이 알고 있는 것이 아니라고 하면서 나는 당신이 알지 못하는 것을 하나도 지적하지 못하고 있다.

| 확실성 |

　수학은 확실성에 대한 느낌, 절대성에 대한 우쭐함을 불러일으킨다. 5가 4 더하기 0보다 크다면, 5는 4보다 크다는 걸 배우면서 미심쩍게 공중에 손가락을 치켜드는 사람은 없을 것이다. 그러나 확실성은 인간의 삶과는 잘 맞지 않을 뿐더러 다른 과학 분야와는 근본적으로 맞지 않는다.

예를 하나 들어보자. 2세기 그리스의 수학자겸 천문학자인 클라우디오스 프톨레마이오스는 광범위한 천문 이론을 만들어냈다. 그는 천체를 거대한 구로 상상하고 지구가 그 중심에 있다고 상상했다. 프톨레마이오스가 저술한 걸작에는 아라비아어와 그리스어로 "가장 위대한 것"를 뜻하는 단어에서 따온 『알마게스트』란 명칭이 붙여졌다. 『알마게스트』는 우주를 수학적으로 이해하려는 시도로, 인류 역사상 최초의 시도였기 때문에 최고라는 칭호가 붙었다. 오늘날 프톨레마이오스의 천동설은 잘못된 것으로 여겨지기도 하지만, 프톨레마이오스와 요하네스 케플러는 대가들 중에서도 가장 위대한 인물로 굳건히 자리를 지키고 있다. 3등은 없다.

프톨레마이오스는 "정리의 순서에 관하여"라는 제목이 붙은 『알마게스트』 1권의 2부에서 자신의 야망을 기술하고 있다. 야망은 웅대했다. "우리가 발표한 논문에서 첫 번째 관심사는 전체적인 천체에 대한 전체적인 지구의 관계를 이해하는 것이다." 두 번째 관심사는 "태양과 달의 운동"을 설명하는 것이고, 세 번째 관심사는 별을 설명하는 것이다. 그런 다음 프톨레마이오스는 이런 결론을 내렸다. "천체는 구 모양을 하고서 구처럼 움직인다. 지구의 형태 역시 전체적으로 볼 때 구에 상당히 가까우며 천체의 한가운데, 말하자면 중심이나 다를 바 없는 곳에 위치해 있다. 지구는 크기와 거리 면에서 볼 때 고정된 별들로 이루어진 천구에 대해 점의 비율이 된다. 또 이리저리 움직이는 일도 없다."

프톨레마이오스는 엄숙한 어조로 이렇게 덧붙인다. "틀림없이 이 모든 현상은 지금까지 제안된 다른 어떤 개념들과도 상반된다."

| 인간에게 확실한 것은 없다 |

1500년 동안 『알마게스트』는 무쇠처럼 견고해 오랫동안 지속될 것처럼 보였다. 이 책에 소개된 이론은 주전원(周轉圓)과 지구를 둘러싼 가상의 원으로 이루어진 정교한 시스템을 이용하여 행성의 역행 운동처럼 새로운 천문학 자료에 필요한 요건을 유감없이 갖추었다. 17세기에 이르러서도 코페르니쿠스의 지동설은 그 이점이 분명치 않았을 뿐더러 불리한 점도 상당히 많았다. 지동설을 따르는 천문학자들은 지구가 태양 주위를 도는데도 지표면에서 아무도 그걸 알아차리지 못하는 이유에 대해 그럴듯한 설명을 내놓지 못하고 있었다.

오래지 않아 프톨레마이오스의 천동설은 폐기되었고, 이론의 정확성을 뒷받침했던 바로 그 기술 때문에 웃음거리가 되고 만다. 그의 이론은 오늘날 교훈이 되는 좋은 실례가 됐으며, 결국 천동설에 맞서 다음과 같은 사실이 밝혀졌다.

- 지구는 태양계의 중심이 아니다.
- 태양은 움직이지 않는다.
- 행성들은 하늘에서 원을 그리지 않는다.
- 천체는 구형이 아니다.

'니힐 호미니 세르툼 에스트'(Nihil homini certum est). 오비디우스의 말대로 인간에게 확실한 것은 없다.

| 예외 조항 |

수학은 이처럼 우울한 전망에서 크게 벗어나며, 이 점에 있어 프톨레마이오스는 일당백의 역할을 한다. 마치 돌무더기를 뚫고 햇빛을 향해 뻗는 덩굴손처럼, 기하학에 등장하는 유력한 정리의 상당수는 그의 학문 체계가 남긴 잔해에서 뻗어 나왔다.

평면에 원이 있고, 원에 내접하는 사각형이 있다고 하자. 프톨레마이오스는 이 사각형에서 두 쌍의 대변의 길이의 곱의 합이 두 대각선의 길이의 곱과 같다는 사실을 입증했다. 이는 오늘날 톨레미의 정리로 알려져 있다.

천문학자 프톨레마이오스와 수학자 프톨레마이오스 사이에는 커다란 차이가 있다. 천체에 관한 이론에서 영예를 얻겠다는 기대에 부풀어 있던 그는 자신이 개발한 수학이 그 방편이 돼줄 거라 믿었다.

영예는 줄곧 따랐지만, 본래 프톨레마이오스가 찾으려던 분야는 아니었다.

수학자와 과학자의 차이는 어떻게 설명해야 할까?

수학 안에서는 증명이 가능하지만 수학 밖에서는 증명이 불가능하다는 것이 일반적인 견해다. 아인슈타인은 "수학 법칙이 현실과 관련되면 그것은 확실치 않으며, 수학 법칙이 확실하면 그것은 현실과 관련이 없다."는 말을 남겼다. 참으로 기이한 일이 아닐 수 없다. 우리는 두 눈을 부릅뜨고 현실을 직시한다. 4가 3보다 크고 3이 2보다 크면 4는 2보다 크다고 말할 때 우리의 감각을 통해 받아들인 것이 머릿속에 떠올리는 것보다 '덜' 확실해야 하는 이유가 뭘까? 실은 그와 정반대인 것처럼 보이는데도 말이다.

의심할 여지없이 수학에는 다양한 증명이 존재한다. 증명은 수학자들이 거래를 할 때 내놓는 동전과도 같다. 우리의 의문은 어째서 그것이 '다른 데'서는 존재하지 않느냐는 것이다.

요컨대 증명은 수학적 '논법'으로, 인간에게는 오래되고 친숙한 양식 가운데 하나다. 그런데 이를 담당하는 것은 수학자가 아닌 논리학자다. 논리학자는 수학 너머에 아주 풍부한 목록을 갖고 있다. 주어진 전제를 결론까지 정확히 가져가는 것이 그의 임무다. 논리학자가 다루는 주제는 부부싸움, 재정 논란, 낙태 논쟁, 가정생활, 법인 조직, 국제법, 간단한 예절, 국기 소각, 동종요법의 약, 고고학, 여성의 권리, 전쟁 규정, 복장 규정, 지적설계론, 음모론, 프로이드의 심리학처럼 서로 혹은 스스로에 맞선 인간 군상을 예로 든 활동이라면 무엇이든 관련이 있다.

그렇다고는 해도 광범위한 논증 전반에 걸쳐 그것을 따르지 않을 수 없게 하는 힘은 수학에서 나온다. 이는 그러한 논증이 수학 내부에서 동의를 얻은 것처럼 보이기 때문이다.

이제껏 어떠한 철학 이론도 그럴 수밖에 없는 이유를 보여주지 못했다. 그것은 수학이 품고 있는 신비의 일부를 이룬다.

| 최고의 논리학자 |

아리스토텔레스는 최초이자 최고의 논리학자였다. J. 로버트 오펜하이머의 표현을 빌리면, 쿠르트 괴델조차도 '아리스토텔레스 이후' 최고의 논리학자이므로 최고 자리만은 그에게 양보한다. 『오르가논』이란 명칭이 붙은 아리스토텔레스의 논리학 저술은 그가 쓴 것으로 밝혀진 탁월한 전집들 가운데 극히 일부에 지나지 않는다.

18세기 영국의 철학자 토머스 리드는 아리스토텔레스의 천재성을 제대로 짚어냈다. 리드에 따르면, 아리스토텔레스는 "보기 드물게 우월한 면모를 자랑했다. 그리스의 철학 정신이 오랫동안 번영을 누리던 전성기에 태어난 그는 20년 동안 플라톤이 아끼는 애제자로서의 명성을 누리는 동시에 알렉산더 대왕의 스승 역할도 했다. 알렉산더 대왕은 아리스토텔레스와 돈독한 우의를 유지하며 연구를 수행하는 데 필요한 모든 여건을 마련해주었다." 한편, "지칠 줄 모르는 연구와 방대한 독서를 통해 아리스토텔레스가 자신의 입지를 확실히 굳혔다."고 쓴 리드는 아리스토텔레스의 천재성과 관련해서는, "2천년 가까이 가장 진보된 영역에서 여론을 지배해온 인물에게 특별한 역할을 허용하지 않는 것이야말로 인류에게 실례가 될 것이다."라고 했다. 이는 아리스토텔레스에 대한 찬사로서 부족함이 없으며 정확한 표현이다. 냉철한 판단력을 지닌 리드는 아리스토텔레스에 대해 뭔가 흠 잡을 거리를 찾기로 마음먹었으나, "진리보다는 명성에 대한 열망이 더 컸으며 인류에 도움이 되기보다는 철학 분야의 일인자로 불리기를 바랐다."는 점에서 그도 결국엔 인간이었다는 것 말고는 달리 흠 잡을 구석이 없다는 생각에 이르렀다.

| 만약 그렇다면 어떻게 될까? |

아리스토텔레스는 논리에서 본질적 요소나 다름없는 기본적인 통찰력을 갖고 있었다. 논리의 본질은 두 가지로 요약된다. 논증은 그 내용이 아닌 형식 덕분에 유효하다. 또 논증의 타당성은 조건에 따라 그때그때 달라진다. 따라서 '만약 그렇다면'이라 묻고 그 후에 '어떻게 될까?'를 살펴보는 문제다.

미국의 논리학자 알론조 처치가 『수리 논리학 입문』이란 논문의 머리말에서 제기한 논증을 살펴보자.

> 첫 번째 전제: 형제끼리는 성이 같다.
> 두 번째 전제: 리처드와 스탠리는 형제다.
> 세 번째 전제: 스탠리의 성은 톰슨이다.
> 결론: 리처드의 성은 톰슨이다.

처치가 든 또 다른 예는 다음과 같다.

> 첫 번째 전제: 실수축의 양의 방향과 이루는 각이 같은 복소수끼리는 편각이 같다.
> 두 번째 전제: $i - \frac{\sqrt{3}}{3}$과 ω는 실수축의 양의 방향과 이루는 각이 같은 복소수다.
> 세 번째 전제: ω의 편각은 $\frac{2\pi}{3}$이다.
> 결론: $i - \frac{\sqrt{3}}{3}$의 편각은 $\frac{2\pi}{3}$이다.

위의 두 논증에서 각 전제는 결론을 향해 나아가고 있다. 그러나 두 번째 논증은 복소 해석학으로 알려진 수학 분야를 다룬 것과 마찬가지로 호주 원주민 언어의 하나인 왈피리(Warlpiri)어로 기술됐을 수도 있다. 따라서 톰슨 일가(내 기억으론, 기관단총 독점사업권의 승계인)나 기초수학과는 아무런 관련이 없다.

그런데도 이들 두 논증은 같은 형식을 취하고 있으며, 두 번째 논증을 이해할 수 없다고 해서 그 타당성이 줄어드는 것은 결코 아니다.

다음으로 아리스토텔레스의 두 번째 통찰에 따르면, 논증의 타당성은 그때그때 조건에 따라 달라진다. 우리는 '논증을 위해' 사실이 아닌 것에 호소함으로써 이를 인정한다. 전제가 옳다면 결론 역시 옳을 것이라는 게 타당한 논증이다. 여기서 논의되는 것은 반사실 조건문(만약 그렇다면)과 명령법(그럴 것이다)이다. 타당한 논증은 전제의 살아있는 진실을 보장하기 위해 아무 것도 하지 않는다. 논리학자의 소관은 논리를 따지는 것이다. 따라서 진실은 그 밖의 것들에 맡긴다.

이쯤에서 처치의 첫 번째 논증으로 되돌아가보자.

1
첫 번째 전제 : 형제끼리는 성이 같다.
두 번째 전제 : 리처드와 스탠리는 형제다.
세 번째 전제 : 스탠리의 성은 톰슨이다.
결론 : 리처드의 성은 톰슨이다.

또 전제를 여러 개로 늘어놓지 않고 '만약'과 우리에게 친숙한 '~라면(~한다면)'으로 귀결되는 동일한 논증을 살펴보자.

2
만약 형제들끼리 성이 모두 같고 리처드와 스탠리가 형제며 스탠리의 성이 톰슨이라면 리처드의 성도 톰슨이다.

논증 1에 깃든 추론의 흐름을 논증 2가 포착해내고 반대로 논증 2에 깃든 추론의 흐름을 논증 1이 포착해낸다는 게 아무리 명백해도 수학적 논리 내부에는 이것이 그래야만 하는 증명이 존재한다. 이른바 연역 정리(deduction theorem)는 논증 1과 2가 결국 같은 결과에 이른다는 걸 말해준다.

연역 정리는 명백한 것을 확증해주지만, 그런 확증이 이차적인 혼란을 초래하도록 허용해서는 안 된다.

연역 정리는 논증 1이 주어지면 논증 2에 대한 신뢰를 표명한다. 하지만 동떨어진 결론을 신뢰하지는 않는다.

리처드와 스탠리가 '실제로' 형제인지 아닌지는 누가 알겠는가? 아무도 모른다면 리처드와 스탠리의 성이 '실제로' 같은지는 또 누가 알겠는가?

물론 논리학자는 아니다.

| 버팀목 |

인류 역사상 헤로도토스가 리디아 왕 크로이소스에 대해 들려준 것보다 더 오싹한 이야기는 없을 것이다. 오늘날만큼이나 불길해 보였던 당시 페르시아의 위력에 놀란 그는 선제공격을 계획했다. 병력을 소집하고 동맹국을 확보하기에 앞서 크로이소스는 델포이 사원에서 신탁을 구하며 자신이 전투에서 승리를 거둘지 여부를 물었다.

크로이소스는 다음과 같은 응답을 받았다.

만약 페르시아를 공격하면 너는 위대한 제국을 멸망시킬 것이다.

신탁을 통한 신의 확답에 자신감을 얻은 크로이소스는 페르시아를 공격했다가 패배하고 노예 신세로 전락하고 말았다. 그가 멸망시킨 위대한 제국은 바로 자신의 제국이었던 것이다.

가설은 기초수학 전반에 걸쳐 중요한 역할을 한다. 또 기초수학뿐만 아니라 법, 문학, 우리의 삶 전반에 걸쳐 없어서는 안 될 추론의 매개체를 형성한다.

> **만약** A가 B의 비서로 주급 백 달러에 이 년 동안 일하기로 두 사람이 합의**했다면** 이는 가분(可分) 계약으로 불린다.
> —칼라마리·페릴로, 『계약』

> **만약** 당신이 그녀와 행복할 수 **없다면** 대체 무슨 이유로 당신은 다른 누군가와 행복하기를 기대해야 하는가?
> —에블린 워, 『다시 찾은 브라이즈헤드』[8]

> **만약** 광자가 우연히 그런 여과기를 성공적으로 통과한**다면** 방향이 완전히 같은 두 번째 여과기를 통과할 확률은 백 퍼센트일 것이다.
> —존 매덕스[9], 『아직까지 발견되지 않은 것』

한 번에 그 정당성을 보여주는 명제도 있다. 가령 '당신의 수표는 우편으로 보냈습니다'[10]는 누군가에게 욕심 많은 채권자란 소리를 들으려면 어때야 하는지를 보여준다. 더 이상의 설명은 필요 없다. 하나의 명제

---

8) 영국의 풍자 작가 에블린 워의 중후하고도 현란한 문체를 구사한 걸작으로 꼽히는 가톨릭 소설(옮긴이).
9) 〈네이처〉의 편집장을 역임한 영국의 과학 저술가.
10) 영어권에서 채무자가 채권자를 안심시키고자 핑계를 댈 때 흔히 쓰이는 말(옮긴이).

가 주어지면 그것은 참이거나 거짓이다. 반면에 조건명제는 한 번이 아니라 두 번에 걸쳐 증명한다. 이는 명제의 진실이 그 구성 성분(둘로 쪼개진 명제)의 진실에 달려 있기 때문이다. '만약 페르시아를 공격하면'이 하나의 명제라면, '너는 제국을 멸망시킬 것이다' 역시 하나의 명제다.

동원된 명제가 두 개라면 그것들이 참 또는 거짓과 결합할 수 있는 방법은 네 가지—모두 참인 경우, 모두 거짓인 경우, 앞의 명제가 참이고 뒤의 명제는 거짓인 경우, 반대로 앞의 명제가 거짓이고 뒤의 명제는 참인 경우—가 있다. P와 Q를 임의의 명제라고 하면 다음과 같다.

앞 명제		뒤 명제
P : 참	참	Q : 참
P : 거짓	참	Q : 거짓
P : 참	거짓	Q : 거짓
P : 거짓	참	Q : 참

가설의 진실을 전체적으로 훼손한다고 논리학자들이 지적한 것은 세 번째 가능성이다. 다른 모든 경우에 조건명제는 참으로 간주된다. 이는 지극히 온당하다. 조건명제는 일종의 전달 수단이다. 이들 명제는 앞의 명제'에서' 뒤의 명제'로' 나아간다. 옳은 방향에서 출발하더라도(앞의 명제가 참이더라도) 옳은 곳에 이르지 못하거나(뒤의 명제가 거짓이거나) 이르고자 하는 곳에 이르지 못할 경우에 조건명제는 버려져야 한다. 물론 이는 앞의 명제가 거짓이면 조건명제는 참이 된다는 걸 의미한다. 이 때문에 불만의 목소리가 자주 터져 나온다. 앞의 명제가 거짓이라는 이유만으로 조건명제가 참일 수 있을까? 왠지 공정성이 없어 보인다. 논리학자들이 이 점에 대해 이러쿵저러쿵 하지 않는 것은 자신들이 내놓을 수

있는 유일한 논증이 공정성에 있어 기대에 못 미치기 때문일 것이다. 오히려 앞의 명제가 거짓이면 조건 명제는 '거짓'으로 간주한다는 것이 직관에 더 잘 맞지 않을까? 그러고 보니, 이야기의 진전이 좀처럼 없는 듯하다.

현대 논리학에서 '만약 ~라면'으로 이루어진 접속사는 명제(혹은 문장) 연결사로 알려져 있다. '연결사'는 이들이 하는 일을, '명제'는 이들이 연결하는 대상을 설명해준다. 조건명제가 아닌 일상적 언어에서도 그런 연결사는 많다. 논리 분석을 위해 가장 중요한 연결사는 '아니다(부정)', '그리고(결합)', '또는(분리)'이다. '~이긴 하지만', '그러나', '~을 대비해', '~해야만'은 풍부한 일상적 언어를 표현하는 변형된 형태의 연결사다.

명제를 지배하는 논리는 수학 또는 기초수학 내부에서 추론의 흐름을 제어하기엔 충분치 않다. 0과 1 사이에 어떠한 자연수도 존재하지 않는다고 하려면 수량화의 미묘한 차이를 표현할 수단이 필요하다. 그런 수단은 20세기 논리학자들이 제공했으나, 그 형태의 비밀은 여전히 밝혀지지 않고 있다.[11] 0과 1 사이에 자연수가 존재하지 않는다고 하면 대통령과 부통령 사이에도 선거를 통해 당선된 관료가 존재하지 않는다. 다시 말해, 수에 대한 추론과 정치인에 대한 추론은 흔히 서로 비슷한 명제에 의지하는 것이다.

그러나 이들 명제가 수학에서는 확실성으로 이어지는 반면, 정치에서는 그렇지 못하다. 어느 경우든 연속체(continuum)는 존재하지 않는다. 수학은 거기에 쓰이는 언어, 대상, 그 증명이 제공하는 확실성에 있어 현실과는 다른 별개의 세계다.

---
[11] 8장 참조

CHAPTER 5

피에르 아벨라르

수학이 냉정하다면 논리학은 더욱 냉정하다. 이는 일반적 견해며, 따라서 아주 틀린 말은 아니다.

| 냉정한 대가 |

1079년 오늘날의 브르타뉴에서 태어난 피에르 아벨라르는 고중세시대(11~14세기)를 대표하는 논리학자로 논리의 역사에서 중대한 두 시기(고대 그리스와 19~20세기 유럽)의 한가운데를 살다 갔다. 딱히 내세울 것 없는 귀족 집안이었던 탓에 어른들은 맏아들인 그가 군인이 되기를 원했으나 그는 어른들의 뜻을 따르지 않았다. 전리품보다는 논쟁을 더 좋아한다는 것이 그 이유였다. 이후 아벨라르는 장 로스켈리누스가 주도한 11세기 철학에 입문했다. 공부를 마친 아벨라르는 변증법 기술에 대해

열렬한 관심이 있는 곳이면 어디든 자신이 "진정한 소요(逍遙)학파의 철학자인 양 논쟁을 벌이며" 루아르 계곡을 떠돌아다녔다.

"마침내 나는 파리로 왔다."고 아벨라르는 썼다. 지금과 마찬가지로 당시 파리는 화려한 매력과 명성을 자랑하며 음유시인과 시인, 논리학자와 철학자, 건축가, 장인, 석공, 금세공인, 말 많은 고위 성직자, 대성당 계약을 따내려는 투자가, 매춘부, 떠돌이, 하층민, 식객, 건달, 좀도둑, 사기꾼, 주술사, 점성가, 별 볼일 없는 성직자, 방탕한 귀족, 이교도, 곱사등이를 끌어들였다.

이들과 함께 떠돌이 생활을 했던 아벨라르는 지체 없이 스승인 장 로스켈리누스의 견해를 반박하고 나섰다. 로스켈리누스가 설파한 학설 가운데 명확히 알려진 것은 그리 많지 않다. 명목상 유명론자(唯名論者)였던 그는 말을 믿었고 그 결과 철학에서는 미니멀리즘을 구현했다. 플라톤을 비롯한 수많은 철학자들이 '붉은', '선한', '용감한', '충성스런', '털 많은' 등의 말을 통해 보편적인 개념의 명칭이나 관념적 형태를 봤던 반면, 로스켈리누스는 말 너머의 말에서 아무것도 보지 못한 채 막다른 곳에 이르렀다. 1092년, 이단으로 몰린 그는 영국으로 추방됐다. 가톨릭 교회는 보편 개념의 존재를 의심하는 로스켈리누스가 머지않아 삼위일체를 의심할 수도 있음을 정확히 간파했던 것이다. 배를 타고 파도가 일렁이는 영국 해협을 건너는 스승을 향해 아벨라르의 비판이 이어졌다. 로스켈리누스는 등 뒤에서 들려오는 제자의 비난에 분노를 느끼기 시작했다.

"자네가 기독교의 단맛을 조금이라도 맛보았다면," 로스켈리누스는 훗날 아벨라르에게 편지를 썼고, 거기에는 언제나 그렇듯 고통스런 발견을 해나가는 스승이라면 제자에게 늘어놓을 수 있는 하소연이 뒤따랐다. 말하자면, 제자들이 스승에게서 받은 가르침을 더 이상 "하해와 같은 은혜"로 마음속 깊이 새기지 않는다는 것이었다.

그때까지만 해도 대학은 존재하지 않았다. 따라서 학위도, 위원회도, 의장도, 종신 재직권도 없었다. 선생들은 스스로 학교를 설립했다. 그들은 산중턱에 올라 자기 앞에 늘어선 학생들과 함께 바람결에다 대고 수군거렸다. 아벨라르는 동시대인들을 구제불능의 바보로 여겨 이런 글을 남기기도 했다. "나는 나 자신을 세상에 하나뿐인 철학자로 생각하기 시작했다. 어느 누구도 두렵지 않다."

아벨라르가 명성을 얻는 데는 그보다 연륜이 깊고 정평 있는 철학자 기욤과의 전략적인 만남이 한몫을 했다. 아벨라르의 말대로 그는 "이 분야에서 최고의 대가"였다. 파리 교구의 부주교이자 노트르담 성당 학교의 교장이었던 기욤은 자신의 철학적 입장을 알기 쉽게 변호하는 능력은 털끝만큼도 없이 이를 교묘히 표현하는 달갑잖은 능력 때문에 심한 좌절을 겪은 상대하기 힘든 거물이었다.

로스켈리누스가 세계로부터 보편성을 무시했다면 기욤은 그것을 다시 불러 모았다. 그는 삭발한 머리를 느릿느릿 신중하게 흔들며 '정의', '인간성', '선', '흰색', '아름다움'이 소크라테스 혹은 아리스토텔레스만큼이나 실재적이라고 주장했을 것이다. 요컨대 '소크라테스'는 소크라테스를 가리키는 '동시에' 그의 인간성을 보여주는 '사람'이라는 주장이다.

강의실 뒤쪽에서 신경질적인 헛기침 소리가 들려온다. 아벨라르가 어기적거리며 자리에서 일어나 묻는다. "소크라테스도 사람'이고' 아리스토텔레스도 사람'이라면' 두 사람은 '같은' 사람인 겁니까?"

할 말을 찾지 못한 기욤이 이윽고 말한다. "보편성의 일반적인 존재양식에 있어 전체 종(種)은 각각의 개체들 '속에서' 본질적으로 같다네."

기욤의 늘어진 목살이 분노로 부르르 떨린다. 아벨라르는 당혹감을 감추지 못하는 가엾은 기욤을 몰아붙여 결국 그의 말대로라면 소크라테스는 불가피하게 당나귀와 같다는 결론에 이른다. 아벨라르는 이렇게 썼다. "기욤은 처음엔 나를 반겼지만 얼마 안 가 그의 주장 가운데 일부를 문제 삼고 걸핏하면 그에 맞서 설득하려드는 나를 몸서리치게 싫어했다."

동시대를 살았던 사람들의 증언대로 아벨라르는 12세기 초 20년 동안 파리 전역에 모습을 드러냈다. 그는 대화를 하고 글을 쓰고 강의를 했으며, 뒤로 물러서거나 모욕을 당한 수많은 대가를 향해 검지를 치켜드는 일이 다반사였다. 논리적 기술이 워낙에 예리했던 아벨라르는 끝없이 나누고 구분하는 일련의 과정을 통해 자신이 숨 쉬는 공기마저도 쪼갤 수 있는 듯이 보였다. 앙셀름은 아벨라르의 강의를 듣고 나서 "불타는 질투심"에 사로잡혔던 것으로 보인다. 이에 대해 아벨라르는 자신이 그 빌미를 제공했음에도 다른 데서 원인을 찾으려 했다.

| 파멸 |

아벨라르는 자서전인 『나의 불행한 이야기』에서 "인류가 시작된 이래로 여성은 가장 고귀한 남성을 파멸로 몰아왔다."고 다소 신랄한 어조로 썼다.

"당시 파리에는 엘로이즈란 젊은 여성이 있었다."

1100년경에 태어난 엘로이즈는 파리 외곽에서 성장해 아르장퇴유에 있는 노트르담 수녀원에서 교육을 받았다. 엘로이즈가 아이 티를 벗고 부드럽게 굴곡진 여성스런 몸매를 갖추는 동안, 아벨라르는 두 번의 변태기를 거쳐 예민했던 청년기를 지나왔을 것이다. 자유로운 나비들이 비행 중에 우연히 만나는 사건에 대한 아리스토텔레스의 생각과 딱 맞아떨어지는 상황이었다. 내 방 창문에서 이들 두 사람을 본 듯도 싶다. 엘로이즈가 경쾌한 발걸음으로 재빨리 한쪽으로 지나가자 아벨라르는 갈색의 헐렁한 성직자 복장을 펄럭이며 반대쪽에서 그녀를 향해 느리게 움직였다. 그녀가 종종걸음으로 지나가자 그는 발걸음을 멈추고 만감이 교차하는 자신의 모습을 뒤늦게야 깨달았다. 그러자 그에게서 "이 소녀에 대한 욕망이 불붙듯 일어났다."

엘로이즈는 노트르담 성당 참사 회원인 삼촌 퓔베르와 함께 부둣가 집에서 살았다. 집의 원형은 견고한 중세의 대들보 몇 개를 제외하고는 대부분 파괴됐지만, 오래전 그곳에서 벌어진 위대한 낭만적 드라마를 기념하는 징표로 남아 있다. 차근차근 단계를 밟아가며 계속된 유혹은 아벨라르를 논리학자에서 연인으로 끌어올리려는 의도였던 것이다. 아벨라르는 "내겐 격찬을 받는 드높은 명성만큼이나 출중한 외모와 젊음이 있다."고 썼다. 아벨라르와 엘로이즈는 각자 친구들을 불러냈다. 친구들은 아벨라르의 선생으로서의 위대한 명성과 타협할 줄 모르는 금욕적 삶을 언급했다. 아벨라르의 말대로, "우린 먼저 한 지붕 아래서 하나가 됐고, 그런 다음 마음으로 하나가 됐다. 수업은 핑계였고, 사랑을 위해 우린 모든 걸 버렸다."

삼촌인 퓔베르는 사리에 밝은 사람은 아니었으나 언제부턴가 다락방에서 들려오는 불평 섞인 투덜거림을 알아채고 엘로이즈를 달래려 했을 게 틀림없다. 황톳빛 강물이 내려다보이는 작은 창문이 달린 그녀의 다락방 벽은 시커멓게 그을리고 짚으로 만든 초라한 침상이 놓여 있었다. 퓔베르는 상황 파악이 좀 느렸던 것 같다. 아벨라르는 성 히에로니무스의 말을 인용하여 "우리가 꾸린 가정에서는 결코 불행을 겪고 싶지 않다"고 썼다. 하지만 설령 낌새를 알아차리지 못했더라도 결국 퓔베르는 이들의 불장난을 목격할 수밖에 없었을 것이다. 그리 정확하지는 않으나 고집스런 자존심을 내세워 아벨라르가 말했듯이 그와 엘로이즈가 "현장에서 붙잡혔기" 때문이다.

"우리 두 사람 다 죽게 될 것이다." 엘로이즈는 아벨라르가 인용한 말을 아주 명쾌하게 정리했다. "이제 우리에게 남은 것은 우리의 사랑만큼이나 큰 고통뿐이다."

그녀의 말이 옳았다. 그들을 사로잡았던 열정이 그들을 집어삼킨 것이다. 헤어졌다가 다시 만난 아벨라르와 엘로이즈의 거짓말과 도피 행각은 점점 치밀해져 갔다. 이들을 도저히 통제할 수 없었던 퓔베르는 불같이 화가 나서 아무도 몰래 일을 꾸몄다. 분노가 극에 이르자 그는 불량배를 동원해 아벨라르에 대한 끔찍한 거세를 주도했다. 그 후로 아벨라르와 엘로이즈는 둘 다 종교적 삶에 귀의했다. 아벨라르로선 달리 대안이 없었기 때문이고, 엘로이즈로선 아벨라르의 요구를 받아들이지 않을 수 없었기 때문이다. 엘로이즈는 마지못해 수도서원을 했다. 물론 수녀로서의 삶이 평생을 구속하리란 걸 그녀는 잘 알고 있었고, 실제로 그리 됐다.

아벨라르는 언제나 그랬듯이 냉정한 삶을 되찾았다. 그는 죽을 때까지 세상 사람들과 불화를 겪었다. 엘로이즈는 자신을 빛나게 했던 사랑을 포기하지 않으려 했다. 세상 모든 연인들과 마찬가지로 그녀는 아벨라르에게 쓴 편지에 이런 청을 덧붙였다. "오, 나를 잊지 말고 기억해줘요."

엘로이즈의 편지는 이렇게 끝을 맺는다. "영원히 안녕!"

CHAPTER 6
유클리드와 페아노의 공리

수학에서 공리계의 개념은 중세 건축에서 고딕 양식의 성당과 다름 없는 위치를 차지할 만큼 완벽하다. 이는 수학자들이 항상 열망해온 것이다.

| 수의 공리 |

기원전 3세기, 그리스의 기하학자인 유클리드는 평면 기하의 원리를 공리계로 체계화했다. 유클리드는 이들 용어를 생각해낸 최초의 수학자였고, 이는 그의 천재성 덕분에 가능했다. 공리계의 공리는 가정이다. 바구니 안에 달걀이 들어 있다. 그런 공리로부터 논리학의 법칙에 따라 정리가 만들어진다. 수학의 증명은 달걀에서 닭이 나오는 방식을 엄격하게 모방한 것이다. 공리에서 정리로 나아갈 때 수학자들은 추론적 단계를

밟는다. 닭이 무얼 하는지는 오직 하느님만이 아신다.

유클리드는 공리계의 기초로 다섯 가지 공리를 채택하면서 이를 입증 없이 받아들여야 한다고 주장했다. 입증이란 말이 그보다 앞선 공리로부터 다른 공리를 유도해내는 걸 의미한다면 이는 확실히 훌륭한 의견이다.

유클리드는 공리계의 공리를 그보다 앞선 공리로부터 이끌어낼 수 없다면 공리를 입증 없이 받아들여야 한다고 무심히 말했다. 실은 그렇지 않으며 그건 유클리드도 마찬가지였다. 유클리드는 '자신의' 공리가 '자명'하다고 주장했다. 하지만 자신이 설정한 공리 가운데 하나가 자신에게조차 분명치 않다는 걸 알게 됐을 때 유클리드가 깨달은 것처럼 자명함 역시 그 나름대로의 입증에 속한다.

2천 년이 넘도록 기하는 유클리드 기하를 의미했으며, 유클리드 기하는 유클리드의 『원론』을 의미했다. 『원론』은 서양의 수학 전통에서 가장 오래되고 완벽한 책이다. 시대를 불문하고 『원론』을 공부한 이들 가운데 일부는 거기에 매료됐다. 버트런드 러셀은 자서전에서 이렇게 회고했. "나는 열한 살 때부터 내 개인교사인 형과 유클리드의 『원론』을 읽기 시작했다. 이는 첫사랑만큼이나 눈부신, 내 삶에서 가장 위대한 사건 가운데 하나였다. 세상에서 그만큼 달콤한 건 상상조차 할 수 없었다."

유클리드 기하 강좌는 최근까지도 인류의 보편적 교육과정에 포함돼 왔다. 그 기법을 훈련하는 것이야말로 인간 정신을 고양하는 일이라는 생각이 널리 받아들여졌다. 호텔 방에서 다른 변호사들과 함께 코를 곯던 에이브러험 링컨은 유클리드의 논증을 이해하고자 촛불을 밝히고 밤을 지새우기도 했다. 법은 링컨의 사고력을 유연하게 해주었고, 유클리드는 그 가장자리를 견고히 다져주었다. 이제껏 학생들은 유클리드 기하를 경험하고 나서 자신들이 발전했다고 주장했다. 이들은 『원론』을 면밀히 공부한 덕분에 사고력 중에서도 으뜸인 수많은 덕목을 갖출 수 있었다고 훗날 고백했다.

마음을 집중시키는 방식을 유클리드만큼 잘 전달하는 것은 없다. 원론의 27번째 명제는 직선과 평행선을 다룬다. "직선 EF가 두 직선 AB, CD와 만나서 생긴 엇각 AEF, EFD가 같다."고 하자.

유클리드는 이 경우 "AB와 CD가 평행하다."고 한다.

다음의 증명은 찬물에 몸을 담그는 것만큼이나 정신이 번쩍 들게 한다.

- 명제가 거짓이라고 하자.
- 즉, 엇각이 서로 같지만 두 직선은 평행하지 않다.
- 그것은 불가능하다.

여기서 '불가능하다'는 것은 자신이 부정하려는 명제가 모순을 가져온다는 의미로 사용됐음을 독자들은 이해해야 한다. 독자들은 유클리드가 받아들일 준비가 된 상황을 어쨌든 그의 마음의 눈으로 바라봐야 한다. 또한 유클리드의 27번째 명제를 그가 이미 제기한 26개의 명제에다 논리적 방식으로 통합해야 하는 것도 독자들의 몫이다.

28번째 명제에 집중하느라 대가(유클리드)는 여기서 발을 빼고 더 이상 아무 말도 덧붙이지 않았으므로 이 역시 독자들의 몫으로 남아 있다.

| 2차 국제회의 |

  1900년, 유럽의 수학자들은 파리에서 2차 국제회의를 개최했다. 1차 회의는 수년 전 취리히에서 열렸다. 수학자들은 유럽의 가장 아름다운 도시에서 모임을 갖고 있었지만, 그들이 만난 것은 8월이었다. 해마다 여름이면 늘 그렇듯 파리 사람들은 이들이 더위에 놀랄 거라고 장담했다. 주최 측도 두 번씩이나 개최지로 선정할 수 없음에도 스위스가 지닌 장점을 익히 알고 있던 터라 개최도시 파리는 이래저래 불리한 비교를 당했다.

  자서전에서 버트런드 러셀은 "회의에서 주세페 페아노를 만난 일은 자신의 지적인 삶에서 일대 전환점이 됐다."고 기술했다. 1858년 이탈리아 쿠네오 지방에서 태어난 농부 출신의 페아노는 회의에 참석한 수학자 가운데 유일하게 중산층 혹은 상류층이 아니었다. 엔리코 페르미와 마찬가지로 그 역시 자신이 가진 재능을 발판 삼아 이탈리아의 교육기관에서 교육을 받았다. 하지만 이는 결코 만만치 않은 일이었다. 페아노란 인물에 대해 러셀이 찬사를 보내게 된 것은 페아노가 보여준 여러 흥미로운 특징 때문이었다. "내가 보기에 회의에서 토론을 벌이는 동안 그는 항상 누구보다도 정확했다"고 러셀은 기록했다. 이어 러셀은 감정을 과장하여 품위를 떨어뜨리는 소견을 추가했다. "페아노는 어떤 논쟁에서든 변함없이 상대를 제압했다."

  주세페 페아노는 일반적인 미분 방정식 이론에 결정적인 공헌을 했다. 그는 저명하고 영향력 있는 교수였다. 열정이 넘치는 괴짜였던 그는 '굴절 없는 라틴어'라고 이름 붙인 고유의 국제적 과학어를 창안하는 데 힘을 쏟기도 했는데, 격어미와 어형 변화가 모두 빠진 일종의 피진(pidgin)[12] 라틴어였다. 페아노가 만든 언어는 라틴어의 장점은 하나도 담아내지 못한 채 그 결점은 모두 갖고 있었다. 19세기 말은 열정의 시대였다. 수많은 과학자들은 과학계를 설득해 보편적으로 이용할 수 있는 언어를 채택한다면 모든 게 잘 될 거라고 믿었다. 이런 시대적 분위기 속에서 에스페란토가 창시됐다. 저명한 과학자들 중에 페아노의 굴절 없는 라틴어를 배우려 했던 사람은 없었으며, 이를 배운 사람들조차 사용한 적은 한 번도 없었다. 에스페란토는 오늘날에도 예전 그대로 남아 있지만, 강요받지 않는 이상 그것을 사용하겠다는 사람은 아마 한 사람도 없을 것이다.

| 페아노 공리 |

유클리드가 수학적 사고에 공리들 이용한 최초의 수학자였다면 19세기까지도 그의 뒤를 이을 수학자는 나타나지 않았다. 2천년이 넘도록 어떠한 수학자도 수를 공리계로 끌어들일 생각은 하지 못했다.

1889년, 페아노는 『새로운 방법으로 표현된 산술의 원칙』이란 제목이 붙은 팸플릿 수준의 소책자를 통해 자연수에 관한 일련의 공리를 발표했다. 그가 어째서 자신이 고안한 굴절 없는 라틴어 대신 격어미와 어형 변화가 그대로 남아있는 고전 라틴어를 이용해 그토록 중요한 책을 출간했는지는 알 수 없다. 페아노가 내놓은 생각은 주목할 만한 것이었지만, 독창적이라고는 볼 수 없었다. 독일의 수학자 리하르트 데데킨트 역시 거의 비슷한 시기에 그와 아주 비슷한 생각을 했기 때문이다.

---

[12] 외부로부터 온 무역상들과 현지인이 만나면서 의사소통 때문에 자연스레 형성된 혼성어를 가리키며, 주로 상거래에 이용된다. 문법이 간략하고 어휘가 극도로 제한되는 특징을 보인다(옮긴이).

다섯 가지 공리가 유클리드 기하를 지배하듯 페아노의 공리 역시 다섯 가지다.

1. 0은 자연수다.
2. 모든 자연수의 '후자' 역시 자연수다.
3. 0은 어떠한 자연수의 '후자'도 아니다.
4. 두 수의 '후자'가 같으면 이들 수는 같다.
5. 어떤 수의 집합이 0을 포함하고 집합에 포함된 모든 수의 후자를 포함한다면 그 집합은 모든 자연수를 포함한다.

이들 공리 가운데 1, 2, 3은 논쟁의 여지가 없는 것들이다. 명백하지는 않더라도 적어도 분명한 의미를 갖는다.

공리 1은 지적인 경거망동을 삼가려는 의도에서 나왔다. 어쩌면 자연수가 전혀 존재하지 않는 것은 아닌가? 공리는 이를 부인한다. 자연수 집합은 텅 비어 있지 않다. 거기에는 원소가 적어도 하나 있다. 이제껏 어느 누구도 그와 반대되는 상황은 생각해본 적이 없다. 수가 없는 세계, 다시 말해 구별이 없는 세계는 '상상하는' 일조차 매우 힘든 게 사실이다. 어떤 것이 다른 어떤 것과 대조를 이룬다는 증거는 대체 어떻게 나타날까?

유비무환이란 말도 있지 않은가. 수학자들의 말마따나 돌다리도 두드려보고 건너는 게 좋을 것이다.

페아노의 공리 2는 '모든 자연수의 후자'라는 식의 정의되지 않은 용어로 시작된다. 정의되지는 않았어도 의미는 분명하다. 3은 2 뒤에 오기 때문에 3은 2의 후자다. '바로 다음'에 오는 것이다. '바로 다음'이란 표현이 '후자'란 표현보다 명확한 것은 아니지만, '잠깐! 그가 먼저고 **바로 다음이 네 차례야**'라고 할 때처럼 그 말이 풍기는 퉁명스러움 때문에 오히려 친근함이 느껴지는 건지도 모르겠다.

공리 3은 자연수에 시작이 있음을 분명히 해둔다. 다른 수의 바로 다음에 오지 않는 수가 있으며, 그 수는 그 밖의 다른 어떠한 수 바로 다음에도 오지 않는다. '어떻게 시작했는가?'하는 질문에 답을 할 수 없기 때문에 자연수는 명백한 선행 구조 없이 복잡한 구조로 나타나는 우주의 빅뱅과도 같다.

페아노의 공리 4는 연속의 개념과 아울러 자연수의 정체성을 규정한다. 공리가 취소되거나 무시된다고 가정해보자. 그럴 경우 하나의 수는 자신의 후자가 될 수도 있다. 페아노의 공리 4는 이를 배제한다.

페아노의 공리 5는 다른 공리와는 분명히 다르다. 공리 5는 두 조건을 만족하는 수의 집합이 이들 수를 '모두' 포함한다고 주장한다. 그렇다면 두 조건은 무엇인가? 첫째, 0이 집합의 원소라는 것이다. 둘째, 어떤 수가 집합에 포함되면 그것의 후자도 집합에 포함된다는 것이다.

그런데 페아노의 공리 5는 신기하게도 행동을 설정하고 권리를 창조하는 법률 문서와 흡사하다. 공리 5는 자연수 전체에 대해 어떤 '결론을 내릴' 수 있는 '조건'을 '명시한다.' 이 조건이 충족되지 않으면 우리는 아무런 '결론도 내리지 못한 채' 침묵하는 수밖에 없다.

페아노의 공리 5는 골치 아프고 도발적이지만 수학 속에 흔히 감춰진 일련의 개념들을 넌지시 암시한다. 그리하여 자연수에서 출발해 추론 법칙을 향해 예상치 못한 방식으로 나아간다. 수학자는 변호사마냥 대형 인쇄용지를 손에 든 채 사례를 연구해 거기에서 일반적인 원칙을 끌어내느라 바쁘다.

| 일 가토파르도 |

 1932년 4월 20일, 주세페 페아노는 세상을 떠났다. 전기 작가 허버트 케네디는 이렇게 평했다. "그는 너무 오래 살았다." 끔찍하게 들리는 이 말은 다른 의미로도 폭넓게 쓰이긴 하지만 웬만해선 누군가에게 해서는 안 될 비난이다. 페아노는 19세기 말까지 논리와 산술 분야에서 지대한 업적을 쌓았으며, 이에 대한 보상도 받았다. 그는 당대 최고의 수학자들을 만날 기회를 얻었다. 버트런드 러셀은 그에게서 깊은 감명을 받았다.
 이후 페아노에게 미묘한 변화가 찾아왔다. 이는 그의 목소리가 점점 쉬어가는 증상과도 관련이 있었다. 때문에 페아노는 자신의 말을 남이 알아들을 수 있도록 필사적으로 노력해야 했고, 사람들은 그의 말을 알아듣기 위해 필사적으로 노력해야 했다. 1890년대 초반, 그는 원대한 연구 계획을 세웠다. 페아노는 이렇게 썼다. "그것은 수학의 어떤 분야와 관련된 기존의 모든 명제를 수집하고 이들 수집물을 발표하는 데 매우 유용할 것이다." 페아노는 산술적 측면에서 이들 명제를 자신이 고안한 논리적 표기법으로 나타낼 작정이었다. 목표는 수학을 적잖은 양의 목록으로 바꾸는 데 있었던 것 같다. 거기에서 모든 항목은 이전에 나왔던 항목과 논리적으로 연결되어 있었다. 이론상으론 논리적 표기법을 이해한 사람이면 누구나 목록(『공식안公式案』(formulario)[13])의 의미를 이해할 수 있게 돼 있었다.
 자기기만에 빠진 실력 행사에 불과했던 『공식안』은 한두 가지 이유로 열정을 자신들의 최고 관심사라 믿었던 페아노의 직계 제자들 외에

---
13) 페아노의 공리를 기술한 그의 저서(옮긴이).

는 아무도 관심을 보이지 않았다. 『공식안』은 1900년 이전에는 페아노의 호기심이었고 그 후로는 열정이 됐다. 페아노는 『공식안』의 마지막 권을 '굴절 없는 라틴어'로 출간함으로써 이해하기 어려운 두 가지 상징체계 속에 자신의 생각을 담았다.

페아노가 몸담았던 토리노 대학의 교수진을 무척이나 당황스럽게 만든 일이 있었다. 그가 『공식안』 방식에 따라 강좌를 개설하겠다고 하자 쉰 목소리에 화를 잘 내는 노교수가 하는 말은 이해할 수 없다고 학생들이 나서서 격렬히 항의했던 것이다.

이후 페아노의 삶은 기다림으로 채워져 갔다. 과거가 그를 변화시키기 시작했다. 그는 삐에몬테제 지방에서 자신의 가족이 운영하는 농장으로 더욱더 돌아가고 싶어 했다. 옷차림도 수수해졌다. 식사 때마다 그는 어린 시절에 먹던 음식을 먹었다. 유럽의 명망 있는 수학자로서 알았던 것들을 잃어버리진 않았지만 이젠 이를 예전보다 덜 소중히 여기게 됐다. 그러는 사이 세월은 흘러갔다.

영화 〈일 가토파르도〉(Il Gattopardo[14])의 결말부에는 자신의 조상인 살리나의 대공 돈 파브리치오에 대한 원작자 람페두사의 애가(哀歌)가 흐른다. 갑갑한 호텔 방에 있는 대공에게 마침내 죽음이 찾아온다. 저 아래 거리에서 풍각쟁이가 곡조를 뽑아내는 동안 대공은 "자신의 인생 전반을 결산하는 중이었다. 그는 막대한 부채 더미로부터 황금처럼 빛나는 행복한 순간을 가려내려고 애를 썼다." 그에게 여전히 소중하게 남아 있는 것은 조카인 탄그레디에 대한 애정 어린 관심, 키우던 개에 대한 추억, 고향 돈나푸가타의 조상대대로 내려온 집이었다. "소르본 대학

---

14) 이탈리아어로 표범을 뜻하며, 〈레오파드〉(The Leopard)로 더 잘 알려진 영화(1968년 작)의 원제다. 19세기 중반 이탈리아 통일 운동 시대를 배경으로 시대적 변화를 거부하는 한 귀족의 몰락을 다루고 있다(옮긴이).

에서 상 받던 때의 감격은 또 어떻고?" 그는 혼자서 중얼거린다. '어둠이 내리는 동안 그는 자신이 얼마나 오래 살았는지 헤아려보았다. 그의 머리는 더 이상 단순한 계산조차 감당키 어려웠다. 석 달, 석 주, 다 합쳐 여섯 달, 6 곱하기 8, 84, 48000, 840000의 제곱근……' 그러다 그는 무(無)로 돌아갔다.

영화 〈레오파드〉에서 돈 파브리치오가 숨을 거둘 때 그의 나이는 73세였으며, 주세페 페아노도 같은 나이에 세상을 떠났다.

CHAPTER 7

유클리드를 타도하라

페아노 공리는 자연수를 공리 체계 속으로 끌어들였다는 점에서 기념비적인 성과를 거두었을 뿐만 아니라 하나뿐인 연속 개념에 중요성을 부여했기 때문에 그 영향력 또한 대단하다.

| 연속 |

1888년, 독일의 수학자 리하르트 데데킨트는 "수는 무엇이고, 또 무엇이어야 하는가?"란 제목이 붙은 짧은 논문을 발표했다. 이 논문의 제목은 줄곧 "수의 본질과 의미"로 번역돼 왔지만, 독일어에는 영어에 없는 미묘한 의미가 반영된 규범적 양상(수란 무엇'이어야' 하며 '우리'가 '그것'을 어떻게 생각해야 하는가?)이 남아 있다.

데데킨트는 '자신'이 수라고 생각하는 것에 대해 아주 분명한 입장을 보였다.

> 나는 모든 종류의 산술이 필연적이거나 적어도 자연스럽다고 생각한다. 센다고 하는 가장 단순한 산술적 행위의 결과, 즉 셈은 각각의 수가 바로 앞의 수에 의해 정의되며 무한한 양의 정수가 연속적으로 창조되는 것에 지나지 않는다. 가장 단순한 행위는 이미 형성된 수로부터 앞으로 형성될 새로운 수로 연속해서 나아가는 것이다. 이들 수의 고리는 인간의 마음에 본질적으로 매우 유용한 수단을 형성한다. 그것은 기초적인 네 가지 연산을 도입함으로써 얻게 된 놀라운 법칙들을 무궁무진하게 제공한다.

이처럼 긴 글은 열의에 차 꾸준히 나아가려는 강력한 의지를 보여준다. 하지만 '행위', '창조', '무한한', '무궁무진한' 등의 말은 독일의 시골 출신 교사가 보이는 진지한 관심을 넘어서 특이하면서도 심지어 광기 어린 어떤 것을 가리킨다. 다시 말해, 근본적이면서도 강력한 뜻밖의 계획과 비전이 작용한다.

데데킨트식 사색의 핵심인 셈은 마음이나 인간이 '하는' 순전히 정신적인 작업이다. 결국 셈은 자연수의 "연속적인 창조"를 가져온다. 다른 식으로 셈을 설명하라고 제의하는 사람들에게 데데킨트는 아무런 도움을 주지 않는다. '셈'은 '근본적'이다. 셈은 그 자체가 셈이며, 다른 어떤 것도 아니다. 따라서 더 이상 셈을 분석하는 일은 불가능하다.

셈을 기정사실로 받아들인 데데킨트는 최초의 수 따라서 기원이 되는 수를 0 속에서 받아들였다. 견고하며 뿌리 깊고 의심의 여지가 없는 0이란 수는, 우주의 기원이 빅뱅이라는 가설을 최초로 만들어낸 조르주 르메트르가 인식한 우주의 알과 아주 흡사한 역할을 한다.

0에 대한 잇따른 조치를 통해 자연수의 창조가 이루어진다.

0에서 1,
1에서 2,
2에서 3,
3에서 4 ……

결과는 단계적으로 나타난다. 이는 마치 전혀 예상치 못한 곳에서 탑이 올라가는 모습과 너무도 닮았다.

결과는 무시무시할 정도로 대단하다. 이는 수가 그 성질 면에서 천차만별이라 할 만큼 다양하기 때문이다. 짝수와 홀수, 완전수와 불완전수, 제곱수, 과잉수와 부족수, 메르센 소수, 일반 소수, 작은 수, 큰 수, ……. 현실 속의 어떤 탑도 이런 식으로 쌓아올릴 수는 없다.[15]

이 같은 생각에 내포된 경험의 축소는 물리학에서 근본적인 입자에 대해 이루어지는 비슷한 주장보다 훨씬 급진적이다.

| 0에서 시작해서 1씩 더하기 |

연속은 자연수를 아주 단순하게 표현해준다. 임의의 자연수 x에 대해 x의 후자는 $S(x)$로 표시한다. 따라서 $S(0)$는 1이고, $S(1)$은 2이며, $S(2)$

---

15) 이런 구분은 수론의 분류학에 속한다. 짝수는 2로 나눌 수 있지만, 홀수는 2로 나눌 수 없다. 소수는 1과 자기 자신 외에는 어떤 수로도 나누어지지 않는다. 완전수는 자신을 제외한 약수의 합과 같다. 6은 3+2+1과 같기 때문에 완전수다. 제곱수는 또 다른 수의 제곱으로 나타낼 수 있는 수다. 25를 예로 들 수 있다. 그 밖에도 과잉수는 12처럼 어떤 수의 약수의 합이 그 수의 두 배보다 큰 수다. 12의 약수의 합인 1+2+3+4+6+12, 즉 28은 12의 두 배보다 크다. 부족수는 이와 정반대의 경우다. 메르센 수는 2의 거듭제곱보다 1이 작은 수다. 7은 2의 세제곱보다 1이 작으므로 메르센 수다. 메르센 소수는 소수인 메르센 수를 가리킨다.

는 3이다.

손으로 일일이 써내려갈 필요 없이 연속한 자연수는 반복에 의해 줄여 쓸 수도 있다. 즉, 0의 후자의 후자는 **SS(0)**로 나타낸다.

이를 화살표로 나타내면 다음과 같다.

$$0 \rightarrow S(0) \rightarrow SS(0) \rightarrow SSS(0) \rightarrow SSSS(0)$$

연속을 정의하지 못하더라도 더욱 친숙한 연산으로 이를 대신할 수도 있다. 주어진 자연수의 후자는 그 수에 1을 더한 수다. 이제껏 연속은 이런 의미로 쓰였지만, 여기서 '1'을 더하는 행위를 강조한 것은 단계적으로 늘어나는 자연수의 성질을 강화하기 위해서다.

0에서 출발해 1씩 더해나가자.

그럼 다음과 같은 결과를 얻게 될 것이다.

$$0 \rightarrow (0+1) \rightarrow (0+1)+1 \rightarrow ((0+1)+1)+1 \rightarrow \cdots$$

결국 $S(0)$은 1과 완전히 같고, $0 \rightarrow S(0)$은 $0 \rightarrow 1$과 같으며, $0 \rightarrow 1$은 $0 \rightarrow 0+1$과 같다.

1을 더해 자연수를 만든다는 생각은 얼마든지 환영한다. 다음 수는? 물론 '1을 더해' 만든다. 그 다음 수는 다음 수에 1을 더해 만든다.

그런 말은 누구나 할 수 있다.

나도 그런 말은 할 수 있으니까.

하지만 여기서 덧셈을 언급하는 것은 현관에 나타나기로 돼 있던 개념이 뭔가 부적절한 조치에 의해 뒷문으로 나타났음을 암시하는 것처럼 보인다.

1씩 더하는 것은 뭔가를 '더하는' 것이고, '무엇이든' 더하는 것은 이제껏 정의된 적이 없거나 페아노 공리에서조차 언급되지 않은 개념이다.

흔히 있는 일이지만, 이런 반론은 지속적인 생명력을 갖지 못해 결국 없던 일로 되고 만다. 1씩 더하는 것에서 문제가 되는 것은 새로운 개념이 아니라 새로운 약속이다. 즉, $S(0)$ 대신 $0+1$로 나타내는 것이다. 3,642는 3,641에 1을 더한 수로서 3,641의 후자 다시 말해 $S(3,641)$이기도 하다. 자연수를 만드는 새로운 절차는 없다. 그것은 다만 지금까지 있어왔던 오랜 절차일 뿐이다.

1씩 더해나가는 것은 페아노 공리의 내용은 아니어도 그 성격에는 뭔가를 추가한다. 예기치 않은 대칭성을 나타내는 것이다. 여기서 '1씩 더하는 것은 0에서 시작하는 것'과 멋지게 대응된다.

17세기 고트프리드 라이프니츠는 0과 1이 창조의 시금석이라고 생각했다. 무를 나타내는 0과 존재를 나타내는 1이 충돌해서 빚어낸 우주 창조였던 셈이다.

| 유보된 죽음 |

리하르트 데데킨트의 수학자로서의 오랜 삶은, 까칠한 성격 탓에 좀처럼 가까이하기 힘들었던 대수학자 가우스가 데데킨트의 논문에 대해 "만족스럽다"고 평한 1854년에 시작돼 그가 세상을 떠난 1916년에 끝났다. 사람들 사이에서 오래전 죽은 것으로 여겨지던 데데킨트의 죽음은 당시 수학계를 놀라게 했다. 데데킨트는 1831년 브라운슈바이크에서 태어났다. 그가 어린 시절 받은 교육은 19세기 중반 독일의 여느 수학자들

과 마찬가지로 신앙심이 두텁고 고루하며 애국심을 강조하는 신교 문화의 긍정적 측면을 구현한 것이었다.

데데킨트가 처음부터 수학적 재능을 보인 것은 아니었다. 당시 브라운슈바이크는 수학적 문화의 중심지가 아니었으며, 데데킨트가 카롤링학교(지금의 브라운슈바이크 고등기술학교)에서 받은 교육은 단순하고 한계가 있었다.

그의 놀라운 천재성은 널리 주목받지 못했다. 데데킨트는 다른 경로를 통해 수학의 길로 접어들었다. 원래 물리학과 화학에 관심을 보였던 그는 이들 학문에 요구되는 태도가 자신과 맞지 않음을 알게 됐다. 화학자들은 자신들이 하는 일에 대해 명쾌한 설명을 내놓지 못하고 온갖 산과 염기성 물질로 손에 화상을 입은 채 악취 풍기는 실험실을 빠져나왔다. 그들은 강인하고 천부적인 재능을 타고 났지만 현실적인 사람들이었다.

반면 19세기의 위대한 물리학자들은 환영에 사로잡힌 공상가들이었다. 고전 물리학에서 그들은 한 번도 접해본 적이 없는 주제를 창조해냈다. 20세기에 이르러 상대성 이론과 양자 역학이 기존의 사고에서 권위를 무너뜨리자 볼프강 파울리[16]는 과거를 되돌아보고 사라져가는 영광을 목도했던 누군가의 시각으로 새로운 사조의 효력을 알아볼 수 있었다. 하지만 19세기 물리학자들은 순수 수학에 대한 태도에 있어 화학자들 못지않게 현실적이었다. 그들은 자신들이 가고자 하는 곳에 이르려는 야망에 사로잡혀 있었다. 거기에 어떻게 이르는가는 그다지 절박한 문제가 아니었다.

꼼꼼한 천성을 타고난 데데킨트는 결국 물리학에서 발을 뺐다.

---

[16] 오스트리아 출신의 이론 물리학자. 상대성 이론과 양자론의 발전에 공헌하여 현대 물리학의 전성기를 열었으며, 베타원리를 발견해 노벨 물리학상을 받았다(옮긴이).

수학자로 이름을 알리기 전이나 후나 그의 삶에는 극적인 사건이 없었다. 그는 지적 허영을 추구하는 것은 물론 지적 욕구에 빠져드는 일도 좀처럼 없었다. 데데킨트는 수많은 수학자들과 친분을 맺었으며, 특히 페터 디리클레와는 각별한 관계를 유지했다. 또한 연구에 몰두하면서 한동안 취리히 공과대학의 강단에 서기도 했다. 데데킨트는 레오폴트 크로네커와 대립하려는 심산에서 자신의 견해를 펼쳤다. 크로네커와 달리 아량이 아주 넓었던 데데킨트는 미치광이를 따라 암흑세계로 들어설 준비가 돼 있었다.[17] 데데킨트는 친구인 칸토어의 연구에 찬사를 보냈으나, 이상하게도 크로네커는 칸토어의 연구 기반을 무너뜨리고 이론적 발전을 방해하는 데 온힘을 기울였다. 데데킨트는 언제나 느긋하고 차분한 천성의 소유자로 보였으므로 크로네커가 데데킨트 때문에 정략적으로 매정해졌다고 볼 수는 없다.

| 유클리드를 타도하라 |

셈을 통해 자연수를 만든다는 생각은 오늘날 인간의 일반적인 의식 속에 뿌리 깊게 자리 잡고 있다.

이처럼 확고한 의식은 설득력 있고 자연스럽게 기초수학의 응용을 설명하는 방법에 이르게 해준다. 우리는 수를 셈으로써 사물, 이를테면 양치기의 한 마리 양, 두 마리 양, 세 마리 양을 셀 수 있다. 이는 수학자의 근본적인 '하나, 둘, 셋'에 대한 희미한 반영이다.

---

[17] 칸토어의 집합론은 그때까지 금기시 돼오던 무한을 본격적으로 다루었다는 점 때문에 당시 수학자들, 특히 그의 스승인 크로네커에게서 강한 반감을 샀다. 이 때문에 칸토어는 정신병원을 드나들 정도로 신경이 쇠약해졌으나 평생의 동지였던 데데킨트의 지지에 힘입어 집합론을 완성할 수 있었다(옮긴이).

셈은 양을 세는 데만 있는 게 아니다. 우리는 거리를 일종의 파생된 수로 생각한다. 모스크바는 프라하에서 '1천'마일 떨어져 있다. 테니스 선수는 승리까지 '세' 포인트가 남았다. 가엾은 희생자는 죽기 '일보 직전'이다. 수의 측정은 물리적인 측정에 '앞선다.' 승리까지 세 포인트는 테니스 규칙으로 보면 세 '포인트'지만, 선두 수열인 1, 2, 3으로 보면 '세' 포인트다.

당연하다고는 해도 이런 관점은 기나긴 수학의 역사에서 생소하다. 데데킨트가 구겨진 토가[18]를 끌어올린 채 고대 그리스의 기하학자들 사이에 모습을 드러냈다면 그들은 비관적이고 회의에 찬 눈빛으로 그의 말을 끝까지 들어줬을 테고, 그건 아마도 그가 상황을 거스르고 있다는 의미였을 것이다. '그들의' 입장에서 보면 셈은 부차적인 활동이고, '거리'야말로 본질적인 개념이었을 테니까.

여기에는 유클리드보다 훨씬 오래된 경험의 방식이 작용한다. 그것은 사물이 움직이고 시간이 흘러가는 이중의 관찰 속에 깊이 새겨져 있다. 자연계에서 사물은 움직이면서 공간적 크기를 형성한다. 한편 의식 속에서는 시간이 흘러가며 시간적 크기를 형성한다. 서로 다른 대상('여기와 저기, 지금과 그때')을 인식하게 되면 그런 대상의 구분을 강요하는 무언가로 그 사이를 채우고 싶어진다. 저것이 거기에 없었다면 점들은 서로를 향해 무너져 내렸을 테고, 그 결과 우리는 시간이나 공간상으로 차이가 없이 모든 것이 한데 뭉친 끔찍한 상황으로 돌아갔을 것이다.

그리스의 기하학자들은 다음과 같은 생각을 정립했다. 움직이는 점은

---

18) 고대 그리스, 로마인들이 즐겨 입던 겉옷(옮긴이).

평면에 하나의 직선을 만든다. 움직이는 선의 항해는 하나의 평면을 만든다. 움직이는 평면의 주름은 부피를 만든다. 고대 그리스의 기하에서는 '점'이 하나의 실체로 인정을 받았지만, 공간으로 확대되지는 않았다. 유클리드가 점에 대한 정의에서 강조한 대로, 점은 "부분을 갖지 않는다." 점에 부분이 없다는 것은 그것에 크기가 없다는 걸 의미한다. 결국 두 부분으로 나뉜 하나의 점은 크기에 있어서도 두 부분이고 길이에 있어서도 두 부분이며 넓이나 부피에 있어서도 두 부분일 테지만, 어느 경우든 '두' 부분으로 존재할 것이다.

유클리드는 『원론』 5권과 9권에서 산술과 수의 도출을 다루었다.

'여기와 저기, 지금과 그때'는 유클리드의 사고 체계에서 계속적으로 증가하는 거리 개념을 따른다. 점은 원래의 위치에서 움직이면서 하나의 선분을 만든다. 조금씩 전진하는 일련의 선분은 기초수학에서 셈에 의해 수가 만들어지는 방식과 유사하다. 결국 유클리드는 '선분'에다 수의 일부 성질을 부여했다. 선분에도 수와 같은 연산이 적용된 것이다. 선분의 연산은 수의 연산과 비슷하지만 다소 낯설다. 그래서 『원론』 7권의 첫 문장은, "단위는 존재하는 개체들이 그것(단위)에 의해 각기 하나로 불리는 것이다."로 시작된다. 유클리드에 따르면, "수는 단위가 여럿 모인 것이다."

이렇게 생각하고 바라보는 방식은 기초수학과는 다르다. 기초수학은 근본적으로 수를 헤아리는 행위, 결국 첫 번째 수로 시작하기 때문이다. 기초수학은 점, 선, 부피, 혹은 이들로부터 만들 수 있는 그 무엇과도 아무런 상관이 없다. 기초수학은 기하와는 무관하며 그 자체로 존재한다. 기초수학에 공헌해온 수학자들은 너나 할 것 없이 개념의 순수성에 있어 기초수학이 기하보다 우수하다고 주장해왔다.

프랑스의 수학자 장 듀도네는 "삼각형에 죽음을"이란 말을 남겼다. "유클리드를 타도하라."

CHAPTER 8
수학의 은유

덧셈은 기초수학의 사칙연산 가운데 하나다. 그 밖에도 곱셈, 뺄셈, 나눗셈이 있다. 각각의 연산에서 두 수는 세 번째 수를 만들어낸다. 여기에 두 수 2와 3이 있으며 그 결과 2+3, 즉 5라는 세 번째 수가 만들어진다.

| 덧셈 |

하지만 덧셈이 어떤 수를 다른 수로 옮기더라도 정말 그렇게 할 수는 없다. 수는 어디로도 옮길 수 없다. 수는 아무것도 만들어낼 수 없다. 2 더하기 3이 5를 만든다는 식의 간단한 선언에서조차 은유가 작용한다. '만들기, 옮기기, 산출하기'라는 말이 이를 행하는 인간 대행자를 불가피하게 연상시킨다면, "연산"이란 단어는 자기들 편에 있는 추상적 개념으로 서둘러 도피하고 현실적인 것과 정반대의 것을 추구하며 모든 물

리적 활동에서 마지못해 자신감을 보여주는 수학자의 태도를 보여준다. 그러나 덧셈 연산에서 행위 세계와의 관계를 끊어버릴 때조차도 거기에서 비롯된 생각은 오랜 물리적 기억을 얼마간 보유한다.

상인들과 수학자들은 오랫동안 2와 3의 합을 이들 수 사이에 덧셈 기호를 써서 **2+3**으로 나타내왔다. +기호는 친분의 표시로 팔을 뻗어 그것이 의미하는바(수의 결합)를 나타내는 상당한 이점을 갖고 있다. 십자 기호는 기독교뿐만 아니라 수학에서도 비상한 재능을 보여준다. **2+3**은 +(2,3)으로도 나타낼 수 있으며, 이런 식으로 쓴다면 $f(2,3)$도 가능하다. 이는 수학자들이 함수를 나타내는 기호다. f는 함수를 나타내며, 사상(寫像) 혹은 연산으로도 표현된다. **2+3=5**가 2 더하기 3이 5임을 나타낸다면 $f(2,3)=5$ 역시 마찬가지다. 이 함수는 두 수를 세 번째 수로 옮긴다. 두 수는 독립변수를 이루고, 세 번째 수는 함숫값을 이룬다. 함수는 일반적으로 독립변수를 함숫값에 대응시키는 수단이다.

낯설긴 하지만 함수 기호는 전통적인 덧셈 기호보다 두 가지 점에서 유리하다. 수학에는 훌륭한 함수들이 많다. 이 모든 함수를 위해 새로운 기호를 찾는 일은 지루하기 짝이 없을 것이다. 경우에 따라 덧셈으로도 이해할 수 있고 곱셈으로도 이해할 수 있는 만능 기호 f는 맵시 있고 우아하며 편리하기까지 하다. 여러 함수를 구별해야 할 경우에는 g 나 h 와 같은 또 다른 기호를 동원하면 된다.

수학자들은 **2+3=5**를 $f(2,3)=5$로 나타내는 과정에서 기호에 의존하는 기호를 이용해 '모든' 수학 연산의 기초를 이루는 긴박하면서도 비밀스런 작용을 시각적으로 묘사했다. 수학에서조차 누군가 무슨 일을 해야만 어떤 일이 이루어진다. 수가 스스로를 더할 수는 없다.

기초수학의 연산은 자연스럽게 분류된다. 덧셈과 곱셈은 0을 곱하거나 더하는 경우를 제외하면 반드시 증가한다는 점에서 비슷하다. 3과 5의 합은 3이나 5보다 크며, 두 수의 곱 역시 두 수보다 크다. 덧셈과 곱셈은 심리적인 측면에서도 특이한 유사성을 갖는다. 그렇지 않은 경우도 있지만, 덧셈과 곱셈은 대개는 밝은 결말을 이끌어낸다. '다다익선(多多益善)과 생육하고 번성하라'(창세기 9장 1절)는 모두 아무것도 없는 무(無)의 상태를 피하고자 하는 인간의 본능을 표현한 말이다.

한편, 덧셈은 뺄셈과도 자연스럽게 연결된다. 뺄셈은 덧셈이 한 일을 되돌려 놓는다. 5 더하기 3이 8이면 8 빼기 3은 5가 된다. 여기에도 대칭성이 작용한다. 5개의 벽돌(조개껍데기, 조약돌, 염소)에 3개의 벽돌을 추가해 그 합으로 8개의 벽돌을 얻을 수 있는 문화라면 벽돌을 추가할 수 있듯 덜어낼 수도 있음도 인식할 수 있었을 것이다.

같은 이유로 곱셈과 나눗셈도 친밀하게 이어져 있다. 5 곱하기 3은 15이고, 15 나누기 5는 3이다.

자연수 조건에서는 덧셈, 뺄셈, 곱셈, 나눗셈 사이의 유사성이 몹시도 불안정하다. 결국 6에서 10을 뺀 결과는 전혀 아무것도 아니며, 3을 2로 나눈 결과 역시 마찬가지다. 앞서 언급한 대로, 뺄셈을 하는 사람이 덧셈을 하는 사람과 대칭적으로 연관돼 있다면 어째서 5에서 3을 뺄 때와는 달리 3에서 5를 뺄 때는 부당하게도 뺄셈이 맥을 못 추는 걸까?

오늘날 뺄셈과 나눗셈은 대칭성을 회복하며 기초수학에서 완벽히 구현된다. 이 경우 분수와 음수 형태의 새로운 수가 필요하다. 이들 새로운 수는 기초수학의 대칭성을 회복하는 동시에 그 순수성에 손상을 입힌다. 음수와 분수 모두 신의 선물로 여겨진 적은 이제껏 단 한 번도 없었다.

| 덧셈을 정의할 필요가 있을까 |

　기초수학의 연산을 완전히 익히는 일은 어린 시절 치러야 할 과제 가운데 하나다. 아이들은 덧셈을 기계적으로 배운다. 즉, 복잡한 합을 간단한 합으로 줄여서 계산하도록 훈련받는다. 합이 간단하든 복잡하든 아이들은 덧셈이 무얼 의미하는지도 모른 채 단순히 계산법만을 익힌다.
　19세기 말까지도 수학자들이라고 해서 다를 게 없었다. 가우스, 갈루아, 아벨 같은 천재들이 덧셈의 정의를 내리지 못한 것은 이에 대한 필요성을 느끼지 못했기 때문이다. 정의를 내놓은 수학자들조차 자신들의 정의가 정당성을 입증 받을 필요가 있다는 사실을 깨닫지 못했다. 그로부터 50여 년이 지나 수학자들이 정당성을 적절히 입증했을 때 인간 정신이 이뤄낸 가장 간단하면서도 명백한 연산 가운데 하나인 덧셈은 개념적 측면에서 어느 정도 풍요로워졌다. 그때까지 수학자나 상인은 물론, 어느 누구도 덧셈이 그런 의미를 갖고 있으리라고는 생각해본 적이 없었다.
　리하르트 데데킨트의 문학적 발언은 이와 관련한 드라마를 보는 듯한 느낌을 준다. 자기 확신과 자기 인식을 드러내는 수학에 관한 회고록에서는 흔치 않은 일이다. 그의 목소리는 편안하며 독자들에 대한 호의가 느껴진다. 옆집 아저씨처럼 친근하기까지 하다. 데데킨트는 "기술적, 철학적, 수학적 지식은 전혀 필요치 않으며 흔히 말하는 상식을 가진 사람이라면 누구든 자신의 생각을 이해할 수 있다."고 거리낌 없이 썼다.
　하지만 그런 데데킨트 역시 자신의 생각과 힘겹게 투쟁을 벌어나갔다. 그는 자신의 생각이 독창적이면서도 난해하여 이해하기 어렵다는 걸 알고 있었다.

결국 데데킨트는 사실을 인정함으로써 그에 따르기로 했다.

"많은 독자들은 내가 내놓은 어렴풋한 형태로는 수를 인식하기 어려울 것이다. 그 수는 믿음직하고 스스럼없는 친구처럼 사람들 곁에 늘 함께 있어 왔다."

CHAPTER 9

덧셈의 정의

"덧셈의 정의"란 말은, 지난 몇 세기 동안 미뤄온 이 문제에 대해 오늘날 수학자가 덧셈의 의미를 마지막으로 밝힐 입장에 있음을 뜻하는 것일지도 모르겠다. 물론 그렇지 않을 수도 있다.

| 내림에 의한 |

'덧셈은 유한 수열에서 두 수의 합을 계산하는 방법이다.' 이는 정의항(정의하는 것)을 위해 피정의항(정의되는 것)이 사라지는 부적절한 정의다.[19] 그보다는 수를 더해나가는 요령, 행동 방식이라고 할 수 있다. 이

---

[19] 가령 '오각형'은 '오각형 모양의 평면 도형을 의미한다.'라는 식의 정의는, 정의되는 말(오각형)이 정의하는 일에 사용되었기 때문에 아무런 성과 없는 순환이 되풀이될 뿐이다. 그런 점에서 여기 제시된 덧셈에 대한 정의 역시 크게 다르지 않다(옮긴이).

방법은 유한한 단계'만'을 필요로 하기 때문에 반드시 끝을 보게 되어 있다. 이는 논리적으로 볼 때 든든한 말이다. 이 방법이 유한한 단계만을 필요로 한다면 이는 유한한 범위에서만 유효한 것 또한 사실이다. 그런데 왠지 미덥지 못하다.

내림(descent)에 의한 정의는 가장 분명한 방식으로 확장하는 자연수의 탑을 이용한다. 거기에는 두 가지 조치가 수반된다. 첫째, 두 수의 합은 그보다 작은 수들의 합으로 낮춰 언급된다. 둘째, 합에서 나타난 차이는 내림에 의해 혹은 1씩 더해서 메워진다. 이를테면, 4와 3의 합은 4와 2 '더하기 1'의 합과 같다.

본질적인 것, 다시 말해 덧셈의 정의를 영원히 그리고 각 단계마다 정확히 피해가기라도 하듯 이 모든 것에는 불가피한 혼합의 조짐이 엿보인다. 4와 3의 합을 이해하기 위해 4와 2의 합을 먼저 이해할 필요가 있다면 '덧셈'에 대한 이해는 대체 어떤 식으로 진전돼 온 걸까? 이는 형제를 남자 동기간으로 정의하고 나서 다시 남자 동기간을 형제라고 부르는 것과 다를 게 없지 않은가?

내림에 의한 정의에서 순환에 대한 부담은 지극히 정상적이지만 한편으로는 잘못된 것이다. 4와 2의 합을 이용해 4와 3의 합을 정의하는 과정에서 수학자는 아주 오래된 논리 규약을 깨뜨렸다. 제대로 된 정의라면 정의되는 것이 무엇이든 이를 정의에서 '배제'해야 한다.

그러나 설령 순환적 사고와 비슷한 어떤 것이 덧셈의 정의에 포함되더라도 그런 결함은 내림에 따라 줄어들다 결국 사라지고 만다.

4와 3의 합은 4와 2+1의 합으로 정의된다.

하지만 그런 식으로 계속해 나가면 4와 2의 합은 4와 1+1의 합으로 정의되다가 결국 4와 0+1+1의 합으로 정의된다.

이렇게 3이 사라지고 나면 4가 그 뒤를 잇는다. 마침내 연산으로서의 덧셈은 자취를 감춰버린다. 이제 우리에게는 세는 일만 남았다. 4와 3의 합은 0+1+1+1+1+1+1+1이 돼버렸다.

이런 개념은 아주 단순하면서도 설득력이 강해 대개 아이들은 이를 가장 먼저 배운다. 벽돌 4개에 벽돌 3개가 추가되면 몇 개가 되는지 알아내려고 아이들은 벽돌을 한데 밀쳐두고 세기 시작한다.

이는 내림에 의한 정의가 이뤄낸 결과다.

뭐랄까, 일종의 그런 것으로 보면 된다.

| 새로운 표기법 |

덧셈의 정의는 언어적 수단을 통해 두 수의 합에 산출량을 주어야 하며, 그것은 '임의의 두 수 x, y'에 대해 성립해야 한다. $x+y$란 기호에서는 '에티켓'이나 '쿠데타'에서처럼 어설프게 이해한 외국어의 다소 미덥지 못한 친근함이 느껴진다. $x+y$에서 + 기호는 유대감 속에서 두 '문자' x와 y를 향해 팔을 뻗는 순교자 난쟁이처럼 자리를 지키고 있다. + 기호는 덧셈을 의미한다. 그러나 x와 y는 수를 명확히 지시하지 않기 때문에 그 어떤 덧셈도 성사시키지 못한다. 친근함의 한계가 곧바로 드러난다.

취지는 어리석지 않지만, 표기법이 스스로를 설명해주지는 '않는다.'

수학에 필요한 장치는 천 년도 더 전에 도입됐다. 아랍 르네상스가 이뤄낸 또 다른 성과였던 이들 장치는 19세기 주세페 페아노, 고틀로브 프레게, C. S. 퍼스, 조지 부울, 아우구스투스 드 모르간, 버트런드 러셀처럼 표기법에서 내로라하는 최고 권위자들의 손을 거쳐 정교하게 다듬어졌다.

x, y, z처럼 알파벳 문자를 이용해 기호로 만든 변수는 고대 영어에서 일반적인 대명사가 하는 일을 일부 수행한다. '나, 너, 그, 그녀, 그것, 우리, 그들'로 표현되는 대명사는 '왔노라, 보았노라, 이겼노라'에서처럼 '누가' 왔고 '누가' 봤으며 '누가' 누구를 이겼는지 밝히지 않는 불분명한 지시의 형태를 허용한다.

우리는 이 말을 남기고 문장의 주체가 되는 사람이 율리우스 카이사르임을 알고 있지만, 문법이 아닌 전후 사정을 통해 아는 것이다. 더욱이 이를 알고 있는 '우리'는 '누구'란 말인가?

대명사는 누가 무엇을 하는지 설명할 때는 편리한 반면, '그는 그가 가는 게 좋겠다고 생각했다'처럼 지시하는 바가 둘로 나뉠 때는 종종 불편하다. 여기서 대명사인 그가 한 사람인지 두 사람인지는 분명치 않다.[20]

일반적인 언어에는 모호함으로 흐르는 치명적 경향이 있다. 그러나 수학에서는 이를 최대한 자제해야 한다. 'x는 x보다 크다'가 '그는 그가 가는 게 좋겠다고 생각했다'와 마찬가지로 애매함을 보인다면 어떻게 될까?

변수는 이름과 비슷하며 기호의 형태를 취한다. 기호와 그것이 가리키는 것은 분명히 다르다. 언어의 잔해나 다름없는 문자 x는 알파벳 끝부분에서 기초수학으로 들어가는 기호지만, 'x는 5보다 크다'라는 문장에서 변수 x는 실질적 작용을 한다. 이름이 의미하듯, 변수는 매우 다양한 것을 지시한다. 변수 x, y, z는 수를 지시하는 데 이용될 것이다. 바로 이것이 이들 변수의 적용 범위다. $6x$는 대략 6과 어떤 수 x의 곱셈을 통해 곧 이루어질 결합을 나타낸다. $x > 6$은 어떤 수 x가 6보다 크다는 표

---

[20] '존은 그가 가야만 한다고 생각했다'의 의미가 모호하지만, '그는 존이 가야만 한다고 생각했다'는 의미가 분명하다. 재미있는 비교다.

시다. $x > y$는 어떤 수 x가 어떤 수 y보다 크다는 표시다.

어떤 수란 어떤 수일까? $x > 6$에서 x는 6과 달리 특정한 수를 지정하는 데 쓰이지 않는다. $x > 6$의 효력은 x가 '어떤' 수 혹은 '그 밖의 다른' 수를 지시하는 데 있다. 여기서 지시하는 수의 특징이 6보다 크다는 것 외에는 구체적으로 규정되지 않는다. 이처럼 불명확한 지시의 형태는 오늘날 대수 방정식 이론의 운영 기법, 즉 x를 제곱하면 25가 된다는 사실만으로 x를 규정하는 간접적인 인식법을 가능케 한다.

법률가와 마찬가지로 논리학자 역시 일반인이 필요로 하는 이상의 표기법을 갖고 있다. '존재한다'는 의미로 쓰이는 수량사 ∃는 마치 창조의 근원을 찾으려는 바람으로 세 팔을 뻗는 듯이 보인다.

변수와 수량사는 의기투합하여 (그렇지 않았더라면 장황스러웠을) 문장을 짧게 압축시켜버린다. 그에 따라 '제곱을 하면 25가 되는 수가 존재한다'는 문장은 $∃x\,(x^2=25)$로 줄어든다.

깔끔하고, 우아하고, 활기차고, 정확하고, 무엇보다 간결하다.

| 세 가지 조항 |

어린 시절에는 한 번도 고민하지 않았던 개념적인 문제가 대거 등장하기 시작한다.

내림 혹은 0+1만 주어진 상태에서 '임의의' 두 수 x, y에 대해 $x + y$는 어떻게 정의하는가?

덧셈을 정의하려면 세 가지 조항이 필요하다. 그 중 첫 번째 조항은 0을 덧셈에서 아무것도 하지 않는 수로 규정한다. 즉, 임의의 수 x에 대해 다음 등식이 성립한다.

1. $x + 0 = x$

두 번째 조항은 덧셈의 정의를 다시 한 번 상기시킨다. 정의하고 의미를 부여해야 하는 것은 두 자연수 x, z의 합 $x+z$(가령 4와 3의 합인 4+3)이다. 따라서 다음이 분명해진다. 0이 아닌 '임의의' 수 z에 대해 $z=y+1$이 되는 어떤 수 y가 '항상' 존재한다. 결국 4는 3 더하기 1이고, 3은 2 더하기 1이고, 2는 1 더하기 1이다. 이런 원리를 아무데서도 찾아볼 수 없다고 생각할 만한 이유는 없다. 실제로 이는 페아노의 공리로부터 쉽게 이끌어낼 수 있다.

두 번째 조항은 '임의의' 수 x, z와 '어떤' 수 y에 대해 다음과 같은 등식을 확인해준다.

2. $x + z = x + (y + 1)$

세 번째 조항은 '내림 정의'의 원리를 나타낸다. 조항 2에 의해 보장된 적절한 y값과 함께 임의의 수 x, z에 대해 다음 등식이 성립한다.

3. $x + z = x + (y+1) = (x+y) + 1$

각 조항은 왼쪽에서 오른쪽으로 읽어나간다. z는 $y+1$로 모습을 바꾸고, $x+(y+1)$은 $(x+y)+1$로 모습을 바꾼다.

짤막한 세 개의 기호 조항이 작은 수를 작은 수에, 큰 수를 훨씬 더 큰 수에, 작은 수를 큰 수에, 큰 수를 작은 수에 더하는, 헤아릴 수 없이 많은 덧셈의 흐름(언어와 추론을 따르는 끝없는 조합)을 어떻게든 담아내야 하는 것은 아주 낯설긴 하지만 감동적이기도 하다.

짜증이 난다고? 기호 체계 속에서의 이런 연습이 언짢은가? 아니면 지적인 대담성을 보여주는 중요한 행위 수단으로 이를 봐야 하나?

후자가 아닐까? 확실히 후자 쪽이 옳다.

| 시공간 속에서 |

방법은 이미 소개했으며, 처리 절차도 상세히 설명했다. 누가 '누구'에게 '무얼' 하고 있는가? 이렇게 묻는 것만으론 기분이 상하지 않는다.

계산해야 할 것은 $x+(y+1)$이지만, 실질적으로 계산대에 오르는 것은 $(x+y)+1$이다. 이들 표현은 모두 같은 수를 나타내고 있기 때문에 지시하는 수가 아니라 수를 지시하는 방법에서 차이를 보인다. $x+(y+1)$은 먼저 y와 1을 더하고 '나서' 그 결과에 x에 더한다는 의미다. 반면에 $(x+y)+1$은 먼저 x와 y를 더하고 '나서' 그 합인 $(x+y)$에 1을 더한다는 의미다.

여기서 괄호는 단계적인 지시를 내린다. 스콜라 철학에서 논리학자들은 괄호를 공의어(共義語)[21]라 부른다. 둘씩 짝을 이룬 괄호는 수학적 표현에서 결합을 나타내며 모호함을 없애는 중요한 역할을 한다. $2+3+5$에서는 2와 3을 먼저 계산하든 3과 5를 먼저 계산하든 문제가 되지 않는다. 어느 쪽이든 같은 결과를 얻기 때문이다. 그러나 $2+3 \times 5$에서는 얘기가 달라진다. $(2+3) \times 5$가 25인 반면, $2+(3 \times 5)$는 17이 된다.

보다 깊이 있고 한층 신비로운 의미에서 보면, 수학에 쓰이는 괄호는 시간을 나타내는 표식이다. 괄호가 나타내는 결합은 우리가 하는 일과

---

[21] 단독으로는 뜻이 없고, 다른 표현과 연관돼 문맥 속에서만 뜻을 갖는 단어(옮긴이).

관련이 있다. 괄호를 이루는 두 개의 곡선은 수의 결합뿐만 아니라 시작과 끝을 나타낸다.

  수학자는 흔히 자연수가 시공간을 초월해 존재한다고 주장한다. 여기서 '초월'의 의미가 분명치는 않으나, 어떤 의미에서 확실히 맞는 말이다. '얼마나' 초월하는가? 물론 반대의 경우라 해서 더 나을 것은 없다. 다른 모든 것과 마찬가지로 자연수도 어느 날 갑자기 나타났다가 오랜 시간 뒤에 사라질 수 있다고 말하는 것은 어떤 의미가 있는가? 이는 분명 앞뒤가 안 맞는 얘기다. 자연수의 출현을 시간의 흐름 속에서 정하려는 어떤 시도든 그 흐름을 설명하려면 자연수의 존재를 가정해야만 하기 때문이다. 결국 자연수는 어느 정도는 초월의 의미에서, 어느 정도는 공간의 의미에서, 어느 정도는 시간의 의미에서, 시공간을 초월해 존재하는지도 모른다. 자연수는 확실한 것에 대해서는 아무런 약속도 필요로 하지 않는다.

  이 정도로도 충분히 안심이 된다.

  자연수가 무엇이든 혹은 그것이 어떤 식으로 존재하든, 덧셈과 같은 기초 '연산'은 괄호의 도움을 받아 두 수의 덧셈에서 '지금' 어떤 일이 이루어졌으며 '나중'에 다른 어떤 일이 이루어지리란 걸 상기시켜준다.

  물리학자 에르빈 슈뢰딩거는 이렇게 말했다. "우리가 시공간 속에서 이해하지 못한 것은 이를 전혀 이해하지 못한 것이다."

| 4 더하기 3 |

이제 덧셈의 정의를 실제로 운용해 4와 3의 합을 구할 준비가 된 셈이다.

임의의 수 z에 대해 그와 같은 수 y+1이 존재한다고 하면, 3의 경우에 필요한 y+1은 2+1이다. 3이 큰 부담을 주기 전에 다음에 따라 나오는 식에서처럼 2+1로 그것을 대신한다. 아래에 소개된 일련의 추론에서는 적절한 치환이 눈에 띈다.

$$4+3=4+(2+1)$$

덧셈의 정의 세 번째 조항에 의해 위의 식은 이렇게 바꿀 수 있다.

$$4+(2+1)=(4+2)+1$$

괄호를 지배하는 정의에 따라 4+(2+1)에서 어쩔 수 없이 왼쪽으로 옮겨진 괄호는 (4+2)+1을 이룬다. 3이 2+1에 자리를 내어주도록 만든 불가사의한 힘은 2에도 적용돼 2는 1+1에 자리를 내어주고 결국 다음과 같은 식을 얻는다.

$$(4+2)+1=(4+(1+1))+1$$

세 번째 조항이 다시 한 번 적용되면 식은 이렇게 바뀐다.

$$(4+(1+1))+1=(4+1)+1+1$$

또 1을 0+1로 대신하면,

$$(4+1)+1+1 = (4+(0+1))+1+1$$

을 얻을 수 있다. 여기서 세 번째 조항을 다시 한 번 적용하면,

$$(4+(0+1))+1+1 = (4+0)+1+1+1$$

이 된다. 그런데 처음으로 쓸모가 생긴 첫 번째 조항에 따르면, 4+0은 4에 불과하다. 그 결과 다음과 같은 식을 얻는다.

$$(4+0)+1+1+1 = 4+1+1+1$$

추론의 뒷부분을 앞부분에 연결시키면, 식은 이렇게 정리된다.

$$4+3 = 4+1+1+1$$

완벽주의자라면 여기서 4마저 없애고 싶을 것이다. 이 모두를 0과 그 후자를 이용해 나타내면 0+1+1+1+1+1+1+1이 된다. 이처럼 엄격한 기술은 내림에 의해 +1마저 사라져버리면 더욱 엄격해질 수 있다. 이제 4와 3의 합은 일곱 겹을 이루는 0의 후자, 즉 $SSSSSSS(0)$에 불과하다. 우리가 신비하게 여기는 수 0은 무를 의미하는 본분에 맞지 않게 이처럼 생성적인 능력을 넘치도록 부여받았다.

어떤 표기법이든 데데킨트가 언급한 "가장 단순한 산술 행위"에 맞춰 덧셈은 자취를 감춰버렸다.

데데킨트의 냉정한 비판은 언제나 그랬듯이 오늘날에도 타당하다. 초

등학교 1학년인 아이(어느 여름날 오후 다프네란 이름의 꼬마를 봐준 일이 있다)에게 4와 3의 합을 묻는 일은 이미 아이의 계산 능력을 넘어선 것이다. 질문을 던지자마자 아이는 풀이 죽은 듯 아랫입술을 삐죽 내밀었다. 하지만 1부터 세나가는 것은 달랐다. 비상한 열정을 되찾은 아이는 침을 튀기며 1부터 세나가다 마침내 여봐란듯이 7에 이르렀고 즐겁게 그 일을 계속해나갔다.

1부터 7까지 세는 것은 4와 3을 더하는 것과 같은 일이다.

이 둘은 '정확히' 같은 일이다. 지금 우리는 데데킨트가 말한 어렴풋한 수의 형태 가운데 놓여 있다. 기초수학에서 간결함과 지적 우위를 보여주는 최초의 위대한 걸작은 이미 모습을 드러냈다.

CHAPTER 10

곱셈의 정의

수를 더하는 방법을 찾아낸 고대의 상인들은 곱하는 방법 역시 알고 있었을 것이다. 그들의 기술은 수메르 제국을 대표하는 필경술의 일부를 이루었다.

| 곱셈 |

덧셈과 곱셈의 역사는 인류 초기로까지 거슬러 올라간다. 이는 인간의 정신이 발전함에 따라 덧셈과 곱셈이 필연적으로 생겨날 수밖에 없었음을 보여주는 것일지도 모른다. 덧셈을 생각해냈으니 다음으로는 곱셈을 생각해낼 차례였다.

덧셈과 마찬가지로 곱셈 역시 자연수 범위에서 완벽히 정의된다. 어떤 연산도 이들 연산만큼 자연스럽지 않다. 뺄셈과 나눗셈은 0과 그보다 큰 수만을 이용해 대충 정의할 수도 있겠지만, 이런 정의는 불구나 다름 없는 연산임을 보여준다. 즉, 10 빼기 5에서는 그런대로 효력을 발휘하지만, 5 빼기 10에서는 맥을 못 추고 만다. 12를 2로 나눌 때도 마찬가지다. 그것만으로는 훌륭하다. 하지만 12로 2를 나누려면 자연수에 없는 수가 필요하다.

수 자체에 대한 감각을 타고날 만큼 수준 높은 문화에서 덧셈과 곱셈이 모두 생겨난다면 이들 연산은 반드시 구별돼야 하는 게 당연할 것이다. 결국 덧셈이 제 역할을 제대로 수행하거나 적어도 해야 할 만큼은 해낸다면 합리적인 수메르 상인들이 굳이 곱셈을 만든 이유는 뭘까?

곱셈의 의미가 분명해 보인다면 이는 초등 교육에서 널리 인정을 받아서가 아니다. 오히려 그 반대다. 교과서에서 곱셈은 반복된 덧셈으로 정의된다. 5 곱하기 6, 즉 $5 \times 6 (5 \cdot 6)$은 6을 다섯 번 택하는 것에 불과하다(또는 5를 여섯 번 취해도 된다).

$$6 + 6 + 6 + 6 + 6$$

이런 해석은 경제적 효율성을 보여준다고 한다. 여섯 번의 덧셈은 여섯 번의 연산을 필요로 하는 반면, 한 번의 곱셈은 단 한 번의 연산을 필요로 한다. 따라서 곱셈은 이렇게 정의할 수 있다. 임의의 두 수 x와 의 y곱은 y를 x번 택하거나 더하는 것이다.

이런 식의 정의는 매우 정확한 반면, 그리 만족스럽지는 않다. 우선 6을 다섯 번 택하는 것으로 5와 6의 곱을 정의하는 과정에서 적어도 언어적으로 곱셈과 연관된 개념을 재도입했다는 사실이다.

다섯 '번'이라?

다음으로, 6을 다섯 번 택하는 것으로 5 곱하기 6을 정의한다면 6을 다섯 번 택하는 것은 5를 여섯 번 택하는 것과 같을까? 정의는 그렇지 않을 수도 있다는 뜻밖의 가능성을 남겨둔다.

정의는 그에 대해서는 언급이 없다.

6과 0의 곱을 요구할 경우, 정의는 아무런 결론도 내리지 못한 채 차츰 희미해져 간다. 0을 여섯 번 택하면 어떻게 될까? 0일 것이다. 하지만 그런 식으로 6을 0번 택했을 때 6이면 안 되는 걸까? 어떤 수를 한 번도 택하지 않는다는 생각은 어떻게 이해해야 할까?

끝으로, 덧셈으로 환원된 곱셈이 효력을 갖는다면 교과서의 주장대로 6 더하기 0은 6이지만 6 곱하기 0이 0인 이유는 뭘까?

이 같은 의문은 자세히 살펴보면 곱셈이 덧셈과 다르다는 걸 암시한다.

결국 수메르 상인들이 전적으로 옳았다. 곱셈은 덧셈과는 별개의 연산이다.

곱셈은 그 나름의 고유한 연산이며 덧셈과는 다른 제약을 따른다.

| 곱셈의 정의 |

곱셈의 정의는 덧셈의 정의와 마찬가지로 내림 정의 속에서 이루어지는 훈련이다. 더욱이 곱셈의 정의는 덧셈을 이미 정의했다는 가정 하에 이루어진다. 이는 자연수에서는 덧셈이 주를 이룬다는 직관을 충족시켜 준다. 곱셈의 정의에는 다음의 세 가지 조항이 들어간다.

첫 번째 조항은 0을 곱셈에서 자신(0)으로 되돌아가는 수로 정한다. 즉, 임의의 수 x에 대해

1. $x \cdot 0 = 0$

이다. 덧셈과 곱셈의 정의에서 첫 번째 조항을 비교하면 차이가 두드러진다. 덧셈에서 0은 원래의 수로 되돌려주지만, 곱셈에서는 0으로 돌아온다.

한편 곱셈에서 1은 덧셈에서 0이 하는 것과 같은 일을 한다. 즉, 임의의 수 x에 대해 $1x$는 간단히 x가 된다. 이 때문에 0과 1은 각각 덧셈과 곱셈에서 항등원(恒等元)이라 불린다.

두 번째 조항은 곱셈의 정의를 다시 한 번 상기시키는 역할을 한다. 0보다 큰 임의의 수 z에 대해 다음의 등식을 만족시키는 어떤 수 y가 항상 존재한다.

2. $z = y + 1$

덧셈의 정의에서 이미 소개한 바 있기 때문에 두 번째 조항은 수가 각 단계마다 1씩 증가하는 수열을 이룬다는 느낌을 준다.

마지막 조항은 내림 정의를 가져온다. 정의하고 의미를 주어야 하는 것은 임의의 두 자연수 x와 z의 곱이다. 이 조항은 덧셈의 정의에 쓰인 것과 같은 기법에 의해 마무리된다.

3. $x \cdot z = x \cdot (y+1) = (x \cdot y) + x$

왼쪽에서 오른쪽으로 진행할 때 조항 3은 $x \cdot z$이 $x \cdot (y+1)$에게 자리를 내주도록 권한을 준다. 그런 다음 $x \cdot (y+1)$은 $(x \cdot y) + x$에게 자리를 내준다. 무게중심이 오른쪽에서 왼쪽으로 가차 없이 옮겨간다.

내림에 의한 정의가 덧셈과 곱셈에 공통적이긴 하지만 의미는 전혀 다르다. 덧셈의 정의는 '결합' 법칙에 따라 $x+(y+1)$은 $(x+y)+1$로 바뀐다. 곱셈의 정의는 '분배' 법칙에 따라 $x \cdot (y+1)$에서 x는 y와 1 모두에 곱셈의 효력을 발휘한다. 따라서 $xy+1$이 '아닌' $xy+x$로 바뀐다.[22]

다른 장점이야 어떻든 세 번째 조항은 상식을 벗어나지 않는 훌륭한 미덕을 갖고 있다. 5와 4의 곱은 실제로 $5 \cdot (3+1)$이며, 이것은 $(5 \cdot 3)+5$이다. 결국 예상대로 그 값은 모두 20이다. 덧셈의 흔적은 결국 내림 속에서 모두 사라져버릴 것이다. 곱셈 역시 마찬가지다. 즉, $5 \cdot 3$은 $5 \cdot 2$가 대신하고, $5 \cdot 2$는 $5 \cdot 1$이 대신하며, $5 \cdot 1$은 $5 \cdot 0$이 대신한다. 정의의 첫 번째 조항이 상기시켜주듯 그 결과는 전혀 아무것도 아니다.

이는 정의가 '효과 있다'는 말을 달리 표현한 것으로, 수학은 물론 다른 어디서도 결코 나쁘다고 할 수 없다.

정의는 여러 가지 좋은 결과를 가져올 뿐만 아니라 끊임없이 주는 재능을 타고 났다. 정의가 주어지면 1이 곱셈에 대한 항등원임을 곧바로 추론할 수 있다.

증명은 단 한 줄이면 된다. 임의의 수 x에 대해, $x1=xS(0)=x(0+1)=(x0)+x=x$이다.

| 3과 2의 곱 |

이제 3과 2의 곱을 구하는 데 쓰이는 곱셈의 정의를 살펴보자.

---

[22] 결합과 분배는 기술적 용어이므로 설명이 필요하다. 14장에서 이를 다룰 예정이다. 여기 소개된 것은 예고편인 셈이다.

2는 간단히 1+1로 나타낼 수 있으므로 다음 등식이 성립한다.

$$3 \cdot (1+1) = (3 \cdot 1) + 3$$

그런데 (3·1)+3은 3·(0+1)+3이고, 3·(0+1)은 3·0+3이다. 결국 (3·1)+3은

$$3 + 3$$

으로 압축된다. 여기서 덧셈과 별개의 연산인 곱셈은 덧셈에게 자리를 내어준다.

3+3을 앞부분에 갖다 붙이면 다음과 같은 등식이 성립함을 알 수 있다.

$$3 \cdot 2 = 3 + 3$$

'모든' 수가 0으로부터 연속적으로 짧게 끊어지다 사라져버릴 때까지 계산하는 일은 아주 쉽다. 이런 훈련은 워낙에 익숙해서 다시 할 필요도 없다. 감탄할 만한 것은 그 과정이다. 곱셈은 덧셈과 곱셈에 차츰 자리를 내주다 마침내 덧셈으로 바뀐다. 덧셈이 1씩 더하는 것을 선호하는 반면, 곱셈은 0을 선호한다. 1씩 더하는 덧셈은 손가락셈을 선호하며, 손가락셈은 사람의 심장을 고동치게 만든다. 기초수학은 이렇게 시작된다.

| 거듭제곱 |

이제 덧셈과 곱셈은 흐지부지 사라져버렸다.

다음으로 거듭제곱을 살펴볼 차례다. 10^n은 자아도취에 빠진 10을 나타낸다. 10의 제곱은 10 곱하기 10이다. 10의 세제곱은 10 곱하기 10 곱하기 10이다. 따라서 10^n은 10을 n번 곱하는 것이다.

여기서 10은 밑으로, n은 지수로 불린다. 밑과 지수가 결합해 새로운 수를 만들어내므로 거듭제곱은 함수와 같은 역할을 한다. 다시 말해 뭔가를 하는 것이다. 덧셈이나 곱셈과 달리 거듭제곱에는 고유의 기호가 없다. 대신 밑의 오른쪽 머리 위에 지수를 표기함으로써 의미를 전달한다.

거듭제곱을 정의할 때 10에 대한 집착은 버려도 좋다. 그런 집착은 마음속에서 자연스럽게 생겨난 것이다. 그러나 거듭제곱에서 하나의 수가 유세를 부릴 필요는 없으며 '어떤' 자연수라도 지수함수의 밑이 될 수 있다. 자기 자신을 곱하려는 열망은 2^{17}이라고 해서 10^{24}에 뒤지지 않는다.

거듭제곱에 순서를 정하려면 내림 정의가 필요하다. 거듭제곱의 정의는 다음 세 가지 항목을 포함한다. 첫 번째 항목은 어떤 수의 0제곱이 1임을 보여준다. 0보다 큰 임의의 수 x에 대해

1. $x^0 = 1$

이다. 두 번째 항목은 임의의 자연수 z를 그것의 전자인 y를 이용해 나타낼 수 있음을 거듭 상기시킨다. 따라서 다음의 등식이 성립한다.

2. $z = y + 1$

마지막 조항은 이렇다.

3. $x^{y+1} = (x^y) \cdot x$

내림을 이용해 우리에게 익숙한 식으로 돌아왔다. 7의 세제곱은 7 곱하기 7 곱하기 7이며, 이는 간단히 7의 '제곱' 곱하기 7로도 나타낼 수 있다.

내림의 결과에 익숙하다고는 해도, 어째서 10^0이 1이어야 하는지 의문을 불러일으키는 첫 번째 조항만은 예다. 그처럼 머리 쪽에 눈이 달린 끔찍한 가자미를 연상시키는 10^0이란 기호에는 뭔가 존재한다. 여기서 10은 신경 쓰지 말자. 3^0이 1인 것은 어떤가? 3^1은 3이다. 그 값은 3보다 커서도 안 되고 3보다 작을 수도 없다. 그렇다면 3^0은 어떤가? 그것은 왜 1인가? 3×0은 0이지만 3^0이 1이라고 하는 데는 뭔가 모순이 있지 않은가?

학생들은 대개 그런 식으로 묻는다. 그런 질문도 일리는 있다.

3^0을 1이 아닌 0이라고 가정하면 결국 여러 사실은 일관성을 갖는다. 그럴 경우 3^1은 얼마가 될까?

1은 0+1과 같으므로 3^1은 3^{0+1}과 같다.

여기서 3^{0+1}은 $3^0 3^1$과 같다.

따라서 3^0이 0이면 $3^0 3^1$은 0이 될 수밖에 없다.

결국 $3^0 3^1$이 0이면 3^1역시 0이 '될 수밖에' 없다.

이에 따르면, 거듭제곱은 모든 것을 무(無)로 되돌리는 연산이 된다.

이는 그다지 유쾌한 결론은 아니다. 결국 반대 명제를 증명한 것인가? 여기에는 논쟁의 여지가 없는 걸까?

완전히 그렇다고는 볼 수 없다. 다만 내림 정의가 거듭제곱에 대해 본질적인 것을 담아낸다면 x^0은 0이 될 '수 없다'는 사실만을 입증할 뿐이다. 다시 말해, x^0이 1'이어야' 하는 것을 입증하지는 않는 것이다.
우리끼리 얘기지만, 그것은 다른 어떤 값이 될 수도 있지 않을까?

| 지수의 거듭제곱 |

거듭제곱의 정의는 간단한 절차에 의해 지수 다발을 넘겨주는 역할을 한다.
1은 얼마를 거듭제곱해도 항상 1이 된다. 1이란 수와 결합한 중력장은 그런 식으로 영향력을 행사한다. 기호로 나타내면 $1^z=1$이다.
거듭제곱은 1에 대해서는 고유의 중력장을 존중하는 데 비해 다른 수에 대해서는 괄호로 확실하게 이루어진 경계를 허무는 방법을 갖고 있다. x를 y번 거듭제곱한 다음 다시 z번 거듭제곱할 경우, 수학자는 두 번에 걸친 연산을 대개 $(x^y)^z$로 나타낸다. 공교롭게도 지수들끼리는 괄호를 허물고 동거에 들어갈 수 있다. 앞의 두 단계는 불필요하다. 즉, $(x^y)^z=x^{y \cdot z}$이다.
동일한 기호에 의해 두 수의 곱에 적용된 지수는 두 수 모두에 부과될 수 있다. 즉, $(x \cdot y)^z=x^z \cdot y^z$으로 곱셈의 부담이 나뉜다.
여기에서는 빈둥거리거나 머뭇거리는 분위기를 좀처럼 찾아볼 수 없다. 지수의 가장 중요한 본질은 부를 축적하고, 제국을 건설하고 17세기 과학 혁명에 상당한 활력을 불어넣은 것이다.[23]

---

[23] 17세기는 유럽 각국이 제국주의를 통해 자본을 축적해 나가는 데 있어 중요한 시기였다. 대서양 무역을 위해 항해술이 급속도로 발전하는 가운데, 하늘의 별을 이정표로 삼는 항해술의 발전과 맞물려 천문학이 발전했고 천문학의 크고 복잡한 수를 처리하기 위한 도구로 지수의 역연산인 로그가 탄생했다(옮긴이).

지수의 본질은 간단히 $x^y x^j = x^{y+z}$으로 정리할 수 있다. 10^3에 10^5을 곱할 때 거듭제곱에서 두 번의 계산 과정을 거쳐 얻은 결과를 곱할 필요가 없다. 지수를 더해 거듭제곱을 단 한 번 실행하는 것만으로도 충분하다. 즉, $10^3 \cdot 10^5$은 10^8이다.

거듭제곱은 밑에서부터 위쪽의 지수를 향해 나아가는 작업이다. 그런데 올라간 것은 반드시 내려오게 마련이다. 바로 여기에서 로그가 유래했다. 로그의 개념은 17세기에 존 네이피어가 『경이적인 로그법칙의 기술』에서 처음 소개했다. 어떤 수의 로그는 다시 어떤 수가 되며, 이 수는 올라갔다가 내려옴으로써 결정된다. 10에서 지수인 2로 올라가면 100이 되고, 100에서 밑인 10으로 내려오면 2가 된다. 2는 100의 로그 값이다. 또 100은 2의 진수다.[24]

이처럼 한데 모이는 대수적 힘 덕분에 수학자는 곱셈을 덧셈으로 바꿔 복잡한 계산을 간단히 할 수 있다.

화려하게 빛나는 이런 수학적 연금술에는 아주 간단한 추론이 적용된다.

임의의 두 수 x, y에 대해 다음의 등식이 성립한다.

$$xy = 10^{\log xy}$$

이는

$$10^{\log xy} = 10^{\log x + \log y}$$

---

[24] $10^2 = 100$ 이고, 이를 로그로 나타내면 $\log_{10} 100 = 2$가 된다(옮긴이).

로 나타내며, 따라서 다음과 같이 쓸 수 있다.

$$10^{logx+logy} = xy$$

$10^{logxy}=10^{logx+logy}$로 나타낸 등식은 가장 중요한 지수 항등식을 이끌어 낸다.

첫째, $10^{logx} \times 10^{logy} = 10^{logxy}$이다. 등식의 양변 모두 xy이기 때문이다.

둘째, $10^{logx} \times 10^{logy} = 10^{logx+logy}$이다. $x^y x^z = x^{y+z}$이기 때문이다.

로그와 진수는 아주 정교한 수준까지 계산이 가능하다. 그 결과 얻은 로그표를 통해 물리학자, 공학자, 지질학자, 항해사를 비롯해 증기의 팽창 과정을 이해하는 사람들도 각자의 용도에 맞게 쓸 수 있는 아주 효과적인 계산 도구를 처음으로 갖게 됐다. 가공할 만한 힘을 가진 지수는 사람들이 아무렇게나 휘갈겨 쓴 낙서 수준에서 어느넛 벗어나 있었다.

CHAPTER 11
자연수 대사전

오늘날 자릿수 표기법은 수를 나타내는 원리지만, 과거에는 두 개의 이름으로만 표시되는 수(가령 27이나 32처럼 ab의 형태를 가진 수)로 사용이 제한돼 있었다.

| 대사전 |

덧셈, 곱셈, 거듭제곱의 도입은 모든 수를 나타낼 수 있는 체계를 만들어주었다. 이는 한 번에 이루어졌다기보다는 그때그때 요령이나 규정에 따라 체계적으로 이루어졌을 것이다. 그 결과 탄생한 것이 '자연수 대사전'이다. 이 사전은 수학적 성과뿐만 아니라 문명의 수준을 가늠하는 지표로서도 중요한 의미를 갖는다. 사전이 없었다면 끝없이 팽창하는 자연수의 탑을 기호로 나타낼 방법이 없었을 테고 서양의 과학은 존

재하지 않았을지도 모른다.

자연수 대사전은 쌍방향으로 오갈 수 있게 고안됐다. 한쪽으로 읽어나가면 항목에 따라 수학자는 자연수의 이름에서 수에 이를 수 있다. 반대로 읽어나가면 역시 같은 항목에 따라 수에서 수의 이름으로 되돌아갈 수 있다.

대사전에서 이름과 수 사이의 대응 관계는 기수(基數)의 개념이다. 기수란 다른 모든 자연수를 표현할 수 있는 자연수를 의미한다. 대사전 최신판에서 기수로 사용되는 수는 10이다. 수메르의 수학자들은 60을 사용했고, 오늘날 컴퓨터 과학자들은 2를 사용한다.

기수가 정해지면, 모든 수는 10의 다양한 거듭제곱과 곱의 형태를 통해 일반적으로 기술된다. 10의 제곱 혹은 10^2은 10을 두 번 곱하는 것이다. 10의 세제곱 혹은 10^3은 10을 세 번 곱하는 것이다. 10을 단 한 번 택할 경우, 즉 10^1은 그저 10에 불과하다. 한편, 10^0은 1이다.

어떤 수든 10의 거듭제곱과 곱으로 나타낼 수 있다는 건 분명하다. 73은 $7 \times 10^1 + 3$이다. 여기서 7을 얻고자 10^0을 일곱 번 택하고 3을 얻고자 10^0을 세 번 택하는 방법으로 7과 3마저도 제거할 수 있다.

한쪽 방향으로의 통행에 필요한 관점에서 보면 사전의 첫 페이지에는 이러한 수 체계의 본질이 포함되거나 반영돼 있다. 굵은체로 된 이름은 왼쪽에 표기한다. 이들 이름이 가리키는 수는 울타리 역할을 하는 괄호 두 개의 보호를 받으며 오른쪽에 기입된다.

이름(수)

0(0×10^0)

1(1×10^0)

$2(2 \times 10^0)$

$3(3 \times 10^0)$

$4(4 \times 10^0)$

...

$9(9 \times 10^0)$

그 다음 몇 페이지에는 10과 19사이의 수가 나온다. 곱셈이 하는 일을 보강하고자 덧셈을 허용했다.

$10(1 \times 10^1 + 0 \times 10^0)$

$11(1 \times 10^1 + 1 \times 10^0)$

$12(1 \times 10^1 + 2 \times 10^0)$

...

$19(1 \times 10^1 + 9 \times 10^0)$

물론 사전은 이런 식으로 페이지를 넘기면서 계속되며 수의 이름 역시 잇따라 나온다. 어린 시절 배우게 되는 것은 대개 사전의 처음 열두어 페이지다. 일상생활에서 특별히 큰 수에 대한 필요성은 누구도 느끼지 못한다. 개인 재산이 상당할 경우에도 몇 개의 10과 지수만으로 쉽게 나타낼 수 있다.

예시가 되는 수는 대개 ab형태로 제한되지만, 세 개의 기호를 필요로 하는 유명한 수를 나타내고자 사전의 체계를 확장할 수도 있다. 경우에 따라서는 그보다 많아질 수도 있다. 악마가 기초수학에 관심을 보인다면 666을 다음과 같이 나타낼지도 모를 일이다.

666($6\times10^2+6\times10^1+6\times10^0$)

여기서 자릿수 표기법은 십의 자리와 일의 자리뿐만 아니라 백의 자리를 포함시키고자 확장됐다. 이는 6(백)6(십)6(일)을 뜻한다.

악마라도 인정할 것은 인정하자. 악마에게도 그럴 만한 권리는 있다.

| 십진법부터 |

이제는 수에서 수의 이름으로 되돌아가보자.

0×10^0(**0**)
1×10^0(**1**)
2×10^0(**2**)
3×10^0(**3**)
4×10^0(**4**)
…
9×10^0(**9**)

이름에서 수에 이를 때는 각 수가 십의 거듭제곱과 곱에 대응하는 규칙을 따르는 반면, 반대로 수에서 이름에 이를 때는 수의 이름이 계수를 나타낸다는 규칙을 따른다. 따라서 **666**이란 수는 $6\times10^2+6\times10^1+6\times10^0$에서 나온다. 주목해야 할 부분(여기서는 6)에는 밑줄을 그어둔다.

이런 구조는 훨씬 큰 수에도 적용된다. 이를 일반화시키면 다음과 같은 식이 만들어진다.

$$a_n \cdot 10^n + a_{n-1} \cdot 10^{n-1} + \cdots + a_1 \cdot 10^1 + a_0 \times 10^0$$

이에 따라 어떤 수든 계수로부터 $a_n a_{n-1} \cdots a_1 a_0$와 같은 이름을 얻을 수 있다. 이 식에서 n이란 문자는 부기의 도구, 다시 말해 색인 역할을 한다. 666의 경우에 n은 2를 나타내므로 666은 $a_2 10^2 + a_1 10^1 + a_0 10^0$으로 나타낼 수 있다. 이 식은 세 부분으로 나뉘지만, 그 중에서 지수가 0보다 큰 것은 두 개뿐이다. 6은 세 번 등장한다. 첫 번째 6은 백의 자릿수를 나타내고 두 번째 6은 십의 자릿수를 나타내며 세 번째 6은 일의 자릿수를 나타낸다.

지금까지 기초수학의 기초적인 연산은 표기법을 '설명하는 데' 이용됐다. 또 표기법은 기초적인 연산을 '표현하는 데' 이용됐다. 이는 모순이 아니다. 바로 그것이 존재 방식이기 때문이다.

인간의 마음과 마찬가지로 기초수학의 체계는 부분으로 낱낱이 분해할 수 없다.

그것은 전체로서 존재한다.

CHAPTER 12
정의, 정리, 공리

T. E. 로렌스는, 찰스 M. 다우티가 쓴 『아라비아 사막 여행』을 소개하며 사막에서 살아가는 아라비아인들의 성격을 묘사했다. 다우티와 마찬가지로 로렌스 역시 그들에 대한 찬사를 아끼지 않았다. "그들은 주어진 삶을 의심할 여지없는 자명한 이치로 받아들이는 민족 가운데 가장 건전하다."고 로렌스는 썼다.

| 재귀 |

 멋지고도 의미하는 게 많은 글이다. 삶을 의심할 여지없는 선물로 받아들인다는 것은 이를 공리로 받아들인다는 의미다. 선물은 의심할 여지가 없기 때문에 공리와 같을지도 모른다. 공리는 노력하지 않고 얻은 것이기에 선물과 같을지도 모른다.

둔감한 베두인족이 이토록 세련된 병렬문을 구사했는지의 여부는 알 수 없다. 다우티와 로렌스는 베두인족으로부터 미치광이 취급을 당했던 것으로 보인다.

그런데도 로렌스는 무심코 던진 말로 민감한 부분을 건드렸다. 공리계는 원칙에 대한 수준 높은 애착을 표현한다. 이는 장난이 아니며 결코 그래서도 안 된다. 유클리드 기하의 공리는 추측의 형태로 우리 마음에 들어오지만, 일단 받아들이고 나면 여타의 추측과 달리 여기에 모든 걸 걸지 않을 수 없게 만든다.

공리계 안에서 최초의 동의 표시는 크고 복잡한 믿음 체계를 만들어 낸다. 수학자는 아무런 의심 없이 페아노 공리를 받아들였기 때문에 훗날 거기서 나온 정리에 전념하는 자신을 발견하게 된다. 때로 수학자는 자신의 믿음이 가져온 결과에 놀라기도 한다.

기초수학의 '정의'는 무엇인가? 그저 억지로 짜 맞춘 말에 불과한가? 그렇다고 하면 정의는 그것이 뭐든 다른 식으로 말할 수 있다는 위험스런 생각을 불러일으킨다.

기초수학의 정의가 정리(theorem)라면 모든 게 잘 풀릴 것이다. 하지만 기초수학의 공리와 정의의 관계는 명확히 정의하기가 쉽지 않다. 이들의 관계를 설명하기도 어렵다. 산술의 공리는 덧셈이나 곱셈에 대해 아무것도 말하지 않지만, 정의는 모든 것을 말한다. 어떠한 추론도 아무것도 없는 것과 모든 것을 연결할 수는 없다.

그럼 어떻게 공리가 정의를 아우를 수 있을까?

정의가 그토록 많은 일을 한다고 하면 공리는 무슨 쓸모가 있을까?

덧셈과 곱셈은 내림에 의한 정의다. 정의 가능한 함수가 프로그램에 의해 고유의 값을 불러올 수 있을 때, 컴퓨터 프로그래머는 여기서 기초가 되는 기술을 재귀(recursion)에 따른 정의로 이해한다. 물론 내림 정의가 수학자와 컴퓨터 과학자의 공통된 재산임을 좋게 생각할 만한 이유는 없다. 그저 동변상련 아니겠는가.

그렇다고 나쁘게 생각할 이유가 있을까?

이는 전혀 다른 물음이다. 즉, 이런 정의를 좋게도 혹은 나쁘게도 만들 수 있는 보다 정교한 감각으로만 답할 수 있다.

덧셈과 곱셈은 두 수를 세 번째 수로 가져간다. 이들 연산은 적극적인 활동을 벌인다. 연산의 본질을 묘사하는 어떤 정의든 현실의 세계에서 우리가 알고 있는 형태로 타당성을 보여야 한다.

특수한 경우에 정당성은 쉽게 입증된다. 덧셈의 정의는 4와 3의 합이 7이라는 명제의 정당성을 입증한다. 대체로 정의는 고유의 증거를 제공한다. 놀라울 것은 없다.

까다로운 지성의 소유자라면 이런 증거가 정의 속에 남아있는 언어적 유물과 그걸 적용해서 얻은 정확한 결론의 우연한 교차점에 지나지 않음을 보여주는 게 아닐까 하는 의문이 들 것이다.

결국 내림 정의는 4와 3의 합이 7임을 암시하지만 5와 3의 합에 대해서는 아무것도 말하지 않는다. 결정되지 않은 채로 남아 있는 것이다. 내림에 의한 정의가 어떻게 확장되는가 하는 의문은 종종 쓸모 있는 문구 따위로 답을 얻곤 한다. 하지만 정당성을 입증한다든지 하려면 수학자에게는 내림 정의 이상의 것이 필요하다.

수학자에게는 내림에 의한 정의가 세상에 존재하는 무언가를 일반적으로 정의해준다는 '증명'이 필요하다.

첫 번째를 그것과 긴밀한 연대를 맺고 있는 두 번째로 이끌어내지 못하는 수학자라면 완전히 통달하지 못한 대가란 주장이 무슨 의미가 있겠는가?

| 공정한 평가 |

  미국의 논리학자 스티븐 클린은 『초(超)수학 개론』이란 표제가 붙은 논문에서 재귀 이론을 기술하고 증명했다. 어떤 점에서는 어설프고 상당한 부분에서 난해하지만 클린의 책은 여러 가지 대담하고 새로운 개념을 상대로 고투를 벌인 한 인간의 기록이기 때문에 감동을 준다. 클린에게 자신의 생각을 세련되게 만드는 자질이 부족했다면 그건 아마도 그가 이를 정리하려 했던 최초의 선구자였기 때문일 것이다.

  재귀 이론은 내림 정의의 정당성을 입증함으로써 한 가지 필요에 부응한다. 이런 종류의 '방어형' 정리에는 두 가지 임무가 따른다. 첫 번째는, 내림 정의가 실제 세계에서 어떤 의미가 있음을 증명해야 하고, 두 번째는 내림 정의가 작용할 때마다 유일한 결과를 얻는다는 점도 입증해야 한다.

  물론 이들 요구는 분명하다. 내림 정의가 아무것도 정의하지 못한다면 기술은 무용지물이다. 내림 정의가 두 가지 이상을 정의한다면 그 중 어느 것이 덧셈을 규정하는가? 그 밖의 다른 연산은 어떤가?

  재귀 이론은 내림 정의에서 정의에 답하는 무언가 존재하며 더 나아가 그것이 유일하다는 점을 마지막으로 한 번 더 확고히 한다. 정의가 사실을 제대로 다루는가 하는 문제는 가능한 최선의 방법으로 해결된다.

  여기에는 공정함이 요구된다.

| 객관성 |

가령 2의 거듭제곱이 $2^0, 2^1, 2^2, \cdots 2^x$으로 점점 커진다고 가정해보자. 여기서 x는 임의의 자연수다.

세부적으로 어떻게 표기하든 간에 2^x으로 나타낸 함수는 하나의 수를 다른 수로 가져가는 정신 작용이 필요하다. 이런 식으로 생각하면 함수의 개념을 '2라는 수를 택해 이를 x번 거듭제곱하는' 하나의 명령으로 바꿀 수 있다.

하지만 이 방법은 이런 함수든 다른 어떤 함수든, 함수를 설명할 수 있는 유연한 분석 수단을 제공하는 데 서툴다.

작용의 수단인 함수는 고유한 특징을 흔적으로 남긴다. 이 흔적을 보기 위해서는 지적 객관성이 요구된다. 2^x만큼 간단한 함수에서는 흔적이 분명하다. 한 번에 하나의 수가 다른 수에 작용하는 이 함수는 0과 1, 1과 2, 2와 4, 4와 16, ……처럼 한데 묶은 '한 쌍'의 수를 이용해 흔적을 남긴다.

이런 식으로 함수 2^x은 {(0,1),(1,2),(2,4)…}와 같이 순서쌍으로 이루어진 무한집합으로 규정된다. 여기서 안쪽의 괄호는 순서쌍을 나타내고, 집합 기호인 중괄호는 떼어낼 수 없는 사고의 대상으로 순서쌍 무리를 묶는 역할을 한다. 거듭제곱은 끝없이 진행할 수 있고 함수에는 끝이 없으므로 순서쌍 집합은 무한집합이다.

2^x을 작전 개시를 명하는 지수함수로 생각할 때 중요한 것은 수들 사이의 합류점이다. 함수 2^x은 2에 지수 x를 올린다. '함수가 하는 일이란 바로 이런 것이다.' 작용에서 역할이 점차 줄어드는 2^x은 순서쌍으로 이루어진 집합 {(0,1),(1,2),(2,4)…}으로 나타난다. '함수란 바로 이런 것이다.'

내림 정의와 관련된 의문의 논지가 이제 좀 더 분명해졌다.

내림에 의한 정의가 함수의 '존재'를 확고히 하는가?

또한 그것은 '유일'한가?

이제 함수는 순서쌍의 집합으로 규정될 수도 있으므로, 이는 내림 정의가 '무언가'를 정의하는지 여부를 묻는 물음에서 상당한 진전을 이룬 것이다.

| 재귀 이론 |

앞서의 덧셈이나 곱셈과 마찬가지로 함수 2^x 역시 내림 정의에 정확히 들어맞는다.

여기에는 두 가지 항목이 필요하다. 첫 번째는 함수가 0에 기초하도록 힘을 행사한다.

1. $2^0 = 1$

두 번째는 내림 정의에 대비해 지수를 낮춘 다음 두 번에 걸쳐 정의한다.

2. $2^{x+1} = 2(2^x)$

언제나처럼 이 경우에도 유한한 범위에서 내림 정의가 작용한다.

아마도 조금은 신경이 쓰일 부호 $2^{x+1} = 2(2^x)$에 대해 살펴보자.

어느 것이 더 간단할까? 아니면 더 확실할까? 2의 세제곱은 $2^3 = 2(2^2)$

처럼 '두 번'에 걸친 2의 거듭제곱으로 나타낸다.

여기서 간과된 것은 x자체가 다양한 것처럼 $2(2^x)$이란 표현도 다양하다는 이상한 방식이다. 2^x이란 표현은 의심할 여지없이 함수를 나타낸다. 그런데 2^x이 함수를 나타낸다면 $2(2^x)$도 마찬가지로 함수를 나타낸다. 함수가 만들어내는 변화를 눈여겨보길 바란다. x가 0이면 2^x은 1이며 $2(2^x)$은 2가 된다. x가 1이면 2^x은 2이고 $2(2^x)$은 4가 된다. $2(2^x)$로 나타낸 함수는 믿음직하고 친근한 함수 $2x$이다. 어떤 수를 취해 '두 배'를 하는 이 함수는 언제나처럼 여기서도 헌신적이다.

그림은 2^x을 토대로 그려졌지만, (미술사가들의 조언에 따라) 그에 못지않게 중요한 배경에도 주목하길 바란다. 배경은 자연수, 믿음직하고 친근한 함수 $2x$, 숫자 1, 이렇게 세 부분으로 이루어져 있다.

재귀 이론은 이런 풍경화의 상세한 부분을 넘어 전체를 아우른다.

함수 2^x은 어디에나 쓸 수 있는 만능 함수 $f(x)$로 대체된다. 수를 수로 옮긴다는 사실 외에 $f(x)$의 정체는 알려져 있지 않다.

함수 $2(2^x)$은 어떠한가? 이 함수 역시 지위가 하락하면서 고유의 특징이 사라지고 만다. 그러고는 실용적이고 만능인 함수 $g(x)$로 대체된다. $g(x)$는 수와 수의 거래에서는 힘이 센 장사지만 정작 자신이 들어 올리는 것에는 관심이 없다(즉, '나는 이들 수를 두 배 했다. 세 배 했다. 당신이 원해서 그렇게 했다' 하는 식이다).

마찬가지로 숫자 1은 '임의의' 수 c로 대체된다.

함수의 의존적 성향은 그대로 남아 있지만, 더 높은 수준의 추상적 개념에서 g는 f에 작용해 $g(f(x))$를 만들어낸다.

추상적 개념으로 높이 날아간 재귀 이론은 힘을 못 쓰고 만다. g가 '어떤' 함수든 재귀 이론은 이를 지지한다. 또 어떤 수 c에 대해 $f(0)=c$이고 더 나아가 $f(x+1)=g(f(x))$의 조건을 만족하는 '유일한' 함수 f가 '존재'한다.

내림 정의는 이런 식으로 재귀 이론에 의해 절정에 이르며 효과가 있다. 다행스런 일이다. 재귀 이론이 중요하다는 내 말을 곧이곧대로 믿은 독자라면 증명이 필요하다는 말도 믿어야 한다. 하지만 이는 썩 내키지 않는 일이다. 재귀 이론에 대한 증명은 어느 정도의 대가를 치르며 이뤄질 것이다. 재귀 이론은 집합론이란 자원을 필요로 한다. 함수는 순서쌍으로 이루어진 집합에 대한 식별을 통해 다뤄야 한다. 더구나 함수는 복잡하기 그지없다.

기초수학에서조차 기초적인 것이 기초적인 것에 의해 언제나 입증 가능한 것은 아니다.

| 재귀 이론은 무슨 일을 하는가? |

재귀 이론은 내림 정의 속에 구현된 비법 혹은 알고리즘과 내림 정의가 줄곧 정의해왔을 유일한 함수의 존재 사이에서 연관성을 이끌어냄으로써 내림 정의의 정당성을 입증한다. 비법은 말의 형태를 띠며, 재귀 이론은 이를 일반적으로 세상에 전달하는 역할을 한다.

재귀 이론은 결코 절대적이지 않다. 결론도 조건에 따라 달라진다. 함수 2^x에는 절대적 보장 같은 것을 줄 수 있다. 그런 함수는 존재하며 유일하다. 하지만 함수 $2x$는 이 같은 방식으로 정당성을 얻을 수 없다. 재귀 이론은 '그런 함수'가 존재하는지 그리고 유일한지 여부에 대해 아무것도 말하지 않는다.

어떻게 그럴 수 있을까? 정리는 다만 정리가 할 수 있는 것을 할 뿐이다. 가정에서 결론으로 옮겨가고자 모든 가정을 없애는 수학적 논증은 존재하지 않는다.

물론 기초수학에서 함수 $2x$는 간단한 곱을 나타내기 때문에 내림에 의한 정의도 가능하며, 재귀 이론은 여전히 다른 함수에 의해 또 다시 받아들여질 수도 있다.

이 모든 것은 어디에서 끝나는가?

공교롭게도 연속 개념이다. 바로 이것이 그 끝이다. 이처럼 근본적인 생각은 없앨 수 없으며, 이보다 다루기 쉽게 만들 수도 없다.

무한한 자연수의 전범위에 걸쳐 연속적으로 이뤄지는 연산이 존재하고 유일한지 어떻게 알 수 있냐는 질문을 누구에게 던지든 아무런 답변도 듣지 못할 것이다.

왜냐하면 이는 믿음의 문제이고, 신뢰의 항목이기 때문이다.

CHAPTER 13
아우구스투스 드 모르간

19세기 초 케임브리지나 옥스퍼드에는 모든 것이 충분치 않았다.

| **법칙을 찾아낸 사람들** |

천재적 능력을 타고난 아이작 뉴턴은 백 년 전 영국의 수학계에 큰 족적을 남겼다. 그가 세상을 떠나고 나서 그들만의 아성을 입증해보이라는 요청을 받았을 때 영국의 수학자들이 눅눅하고 차가운 겨울 날씨 탓에 코를 훌쩍이며 자신들이 아이작 뉴턴과 한패라고 말한 것도 충분히 납득이 간다. 세상 사람들이 의혹의 눈길로 바라보자 그들은 학부생을 상대로 한 어렵고 쓸데없는 시험을 궁리해냄으로써 자신들이 신성한 불꽃을 보존하고 있다는 사실을 서로에게 확인시켜주었다.

독일의 수학자 칼 구스타프 야코비가 케임브리지를 방문했을 때의 일이다. 저녁 식사를 하던 야코비는 현존하는 영국의 수학자 가운데 누가 가장 위대한지를 묻는 질문을 받았다.

물론 야코비 주위에는 당대의 수학자들이 앉아 있었다. 국제적으로 인정을 받은 학자들이 모여 있는 내빈석을 차지하고 싶었던 그들은 저마다 적극적으로 자신의 주가를 높이려 했다. 그들은 동료들에게 "왜, 저녁 식사 때 야코비가 이렇게 말하지 않던가? ······"라고 말하는 자신의 모습을 상상했다. 하지만 그런 일은 일어나지 않았다.

가장 위대한 영국의 수학자라? 정직하게 답변했다가는 식사 자리를 마련해준 사람들의 마음을 상하게 할 것이라는 생각을 하면서 잠시 뜸을 들이던 야코비는 그저 이렇게 말했을 것이다. "없소이다."

그러고는 재빨리 자리에 앉지 않았을까?

| 19세기 영국을 대표한 수학자들 |

20세기 초 스코틀랜드 태생의 미국 물리학자 알렉산더 맥팔레인은 펜실베이니아의 리하이 대학에서 잇따라 강의를 맡았다. 강의 목적은 수학자의 전기 연구에 있었으며, 그는 수학자를 찬미하기까지 했다. 강의 제목은 '19세기 영국의 수학자 10인'이었다. 맥팔레인은 조지 피콕을 비롯해 아우구스투스 드 모르간, 윌리엄 로원 해밀턴, 조지 부울, 아서 케일리, 윌리엄 킹덤 클리퍼드, 헨리 존 스탠리 스미스, 제임스 조지프 실베스터, 토머스 페닝턴 커크먼, 아이작 토드헌터 등 19세기 영국 수학사에서 중요한 10명의 수학자를 거론했다. 이 가운데 해밀턴, 케일리, 실베스터, 드 모르간은 수학계를 이끈 수학자들이다. 부울과 클리퍼드 역시 상당한 위치를 차지하며, 다른 수학자들도 나름의 명성을 자랑한다. 이

들 중에 가장 뒤지는 이조차 뛰어난 재능의 소유자다. 이로써 기근을 겪던 영국의 수학계는 19세기에 이르러 해갈 상태에 이르렀다.

19세기 영국의 수학자들은 누구나 고전어 연구에 바탕을 둔 비슷한 교육을 받았다. 스스로 만들어낸 혼란 상태에서 늘 도망치려 했던 다혈질의 실베스터를 제외한 수학자들의 개성은 대개 통제되었다. 수학계뿐만 아니라 정치계에서도 순조로운 활동을 펼치는 당시의 수학자들을 상상하기란 그리 어렵지 않다. 이는 수학자들이 권력을 얻고자 해서가 아니라 그 용도를 알고 있었기 때문이다. 한마디로 이들은 세속적이었다. 대다수 영국의 수학자들은 법과 모종의 관계를 맺고 있었다.

오늘날 아서 케일리는 위대한 수학자일 뿐만 아니라 영국 법조계에서도 명망 높은 인물로 알려져 있다. 그는 다양한 형태의 양도 증서를 아주 효과적이고 신중하게 작성한 달인으로 평가받는다. 그런 그에게 큰 사건이 하나 들어왔다. 막대한 금액이 걸린 비밀스런 성격의 양도 건을 의뢰받은 것이다. 아서 케일리 앞에는 유명 인사 한 사람이 앉아 있었다. 그에 앞서 의뢰인은 옆문을 통해 사무실로 들어왔다. 넓은 콧마루에 안경을 부분적으로 걸친 케일리는 서류를 한데 모아 반질반질 윤이 나는 마호가니 책상 위에서 종이뭉치의 아래와 옆모서리를 가볍게 쳐서 맞춘 다음 깔끔한 사각형의 서류 파일에 정리하는 중이었다.

의뢰인은 케일리의 관심을 끌고자 지팡이를 바닥에 가볍게 몇 번 두드리고 나서 부드러운 저음의 바리톤 어조로 물었다.

"아서, 우린 서로 잘 알고 있지 않소?"

마른 입술 주위로 보일락 말락 미묘하면서도 공손한 미소를 지으며 케일리가 나직이 속삭였다.

"그렇다마다요."

수백만 파운드가 걸린 사건을 맡긴 의뢰인이 들어올 때와 마찬가지로 사람들 눈에 띄지 않는 옆문을 통해 방에서 나가자 변호사 아서 케일리는 의뢰받은 양도 증서를 옆으로 밀쳐둔 채 노트를 탁자 한가운데로 가져왔다. 그러고는 변호사 업무로 방해 받기 전 완성을 눈앞에 두고 있던 흥미진진한 계산에 다시 몰두했다.

| 중립적인 영국인 |

아우구스투스 드 모르간은 1806년 인도에서 태어났다. 그의 아버지는 동인도 회사의 관리였으며, 할아버지 역시 인도 태생이었다. 아들이 태어난 바로 그 해에 벨로르 폭동이 일어나자 신중한 드 모르간의 아버지는 가족을 영국으로 돌려보냈다. 성인이 된 드 모르간은 중립적인 영국인으로 자신을 묘사했다. 이는 중립적이지만 영국인이라는 식의, 일관성 없는 태도를 보여주는 흥미로운 표현이었다.

드 모르간이 어린 시절 받은 교육은 일정치 않았다. 열 살이던 해에 아버지가 세상을 떠나면서 사춘기 시절 드 모르간은 영국 국교회에 열렬한 헌신을 보였던 어머니의 영향을 받았다. 어머니는 아들이 목사가 되기를 간절히 염원했다. 19세기 초만 해도 목사란 직업은 적당한 수입과 아울러 세상 사람들의 존경을 받는 직업이었다. 신학을 일찍 접한 드 모르간은 오히려 종교적 천직에는 무관심했던 것으로 보인다. 이는 아마도 그가 경건한보다는 열정적인 성품을 타고났기 때문일 것이다. 드 모르간은 옥스퍼드 대학의 교수에게서 가르침을 받았다. 고전어의 문법이 현대어와 마찬가지로 논리적이지 않다는 게 오늘날 일반적인 견해지만, 고전어를 공부하면서 그는 아주 균형 잡힌 논리적 감각을 얻었다. 이러한 점은 연구는 물론 논쟁으로도 유명한 그의 인생 전반에 걸쳐 큰 도움을 주었다. 드 모르간은 위대한 수학자는 아니었으나 선구적인 논리학자임에는 틀림없었다.

│ 졸업 시험을 4등으로 통과하다 │

드 모르간은 케임브리지의 트리니티 대학에서 조지 피콕의 문하에 들어갔다.

그도 그럴 것이 당시 피콕의 인격과 따뜻한 성품은 수많은 젊은이의 마음을 사로잡았다. 피콕에게는 모든 것이 가능하다고 젊은이들에게 용기를 불어넣는 힘이 있었다. 그는 강권하고 재촉하고 추진하고 명령하는 자질을 타고 났지만, 영국의 수학을 확립하는 데 있어 없어서는 안 될 명민한 감각도 갖고 있었다. 설사 수학적 재능이 부족했더라도 그는 수학 교육에서 다양한 개혁을 구상하고 실행함으로써 이를 아주 효과적으로 위장했을 것이다. 이는 오늘날에도 여전히 널리 알려진 처세술이다.

그리스 시대 이후로 수학 교육은 개혁을 거듭해왔으나 정확히 같은 결과에 이르렀다. 다시 말해 아무런 효과가 없었다. 찰스 배비지, 존 허셜과 함께 1815년에 분석학회를 창설한 것도 피콕이고, 뉴턴의 미적분 표기법을 포기하는 과정에서 그를 기리는 기념물에 무례를 저지르지 않도록 굳건한 의지와 추진력으로 영국수학협회를 설득한 것도 피콕이었다. 드 모르간은 피콕에게 헌신적이었으나 그렇다고 해서 그에게 예속된 것은 아니었다. 오히려 스승과 적당히 거리를 두고서 자기 뜻을 굽히지 않았다. 피콕의 문하에 있던 다른 제자들과 달리 드 모르간은 땀 냄새

풍기는 운동선수의 세면기를 싫어해 운동은 거들떠보지도 않았다. 대신 그는 플루트를 연주했으며, 누가 봐도 감성이 풍부한 음악가였다. 드 모르간은 마음 가는 대로 책을 읽고 느낀 대로 연구했다. 그는 수학 과목의 우등 졸업시험을 통과하는 데 필요한 집중 강의를 싫어했으며 이를 그다지 심각하게 여기지 않았다. 그런 까닭에 우등 졸업시험 합격자 명부에서 4등을 차지했다. 이러한 성적은 그로선 아주 불명예스러운 것은 아니더라도 뿌듯한 만족감을 줄 정도까지는 아니었을 것이다.

CHAPTER 14
다섯 가지 산술 법칙

산술의 법칙(法則). 이를 발견한 수학자들이 법률가이기 때문에 더더욱 흥미로운 구절이다.

| 절차를 따르는 수학 |

산술의 법칙은 명칭에서 이미 법칙이란 단어를 쓰고 있기 때문에 절차를 따르는 특성을 갖는다. 산술의 법칙은 흐름을 통제한다. 또한 '해도 좋다' 혹은 '해서는 안 된다'는 위압적인 명령법을 따른다. 낭만이라고는 찾아볼 수 없다. 소수에 관한 정리는 그와 정반대다. 소수는 2, 3, 5, 7, 11, ……처럼 1과 자기 자신만으로 나눌 수 있다. 유클리드의 주장대로 소수에는 끝이 없지만, 그 분포는 현저히 불규칙하다. 마치 그처럼 덩치 큰 수들끼리 어울리는 데는 전혀 관심 없다는 듯, 수가 거대해지면서 소

수는 희박해진다. 그리스 수학자들은 어떤 자연수든 양의 소수의 거듭제곱과 곱으로 나타낼 수 있다는 사실을 알아냈다. 이는 종종 산술의 기본 정리로 불린다. 그리스 수학자들은 자신들의 발견에 매혹돼 끊임없이 이에 대한 논의를 펼쳤다.

절차를 따르는 법칙이나 어설픈 매춘부는 이와 다르다. 그렇다고 해서 덜 중요한 것은 아니다. 피가 끓게 하는 대신 그 흐름을 규제하는 역할을 하기 때문이다.

| 영향력 있는 장치 |

오랜 전통에 따라 산술 법칙은 결합법칙, 교환법칙, 분배법칙, 삼분법(三分法), 소거법 등 모두 다섯 가지로 이루어져 있다.

결합법칙과 **교환법칙**은 둘 다 기초수학의 연산에서 어떤 반전을 통제한다. 이를 대칭성이라 불러도 좋다. '대칭성'은 뭔가 새로운 게 없을까 기대하는 물리학자들을 공개 법정에 서게 할 만큼 무시무시한 단어다.

대개 우리는 대칭성을 생각할 때 정적이고 익숙한 사람의 얼굴을 떠올린다. 사람의 얼굴은 코를 기준으로 대칭적인 좌우 두 부분으로 나뉜다. 결합법칙과 교환법칙에 포함된 대칭성은 이와는 다르다. 요컨대 역동적이라 할 수 있다. 작용의 대칭성이며 따라서 시간의 대칭성이기도 하다.

도시의 한 구역을 돌 때, 북쪽, 서쪽, 남쪽으로 갔다가 마지막에 동쪽으로 갈지 아니면 서쪽, 북쪽, 동쪽으로 갔다가 마지막에 남쪽으로 갈지 하는 것은 중요치 않다. 이들 여정은 서로 다르지만 결과는 같기 때문이다. 즉, 어디론가 가보지만 아무런 성과도 없는 여정이다.

굳이 거리를 터벅터벅 걷지 않아도 된다.

정사각형의 판지로 만든 모형이 있다면 시간 날 때 한 번쯤 돌아볼 수 있다.

도시 구역을 도는 것은 완벽한 대칭성의 예를 보여주지만, 현실 세계에서는 대칭성이 약화된 곳을 쉽게 찾아낼 수 있다. 이는 활동이 이루어지는 순서가 때론 상당히 중요하기 때문이다.

M16 소총을 조준하고 '나서' 발사하는 해병대 신병은 두 가지 일을 하고 있는 것이다. 즉 조준하고, 발사한다. 어느새 그의 이름을 외운 교관이 이렇게 조언한다. "아주 훌륭하군, 몽크톤. 이대로만 하면 다음번엔 명중시킬 수 있을 거야." '먼저' 발사하고 '나서' 조준하는 우둔하기 짝이 없는 동료 신병은 몽크톤과는 다른 일을 하고 있다. 그는 발사한 다음 조준하는 것이다. 어이없는 사고에 할 말을 잃은 교관은 그에게 한두 마디 격려의 말도 해줄 마음이 없다. 조준하고 나서 발사하는 것과 발사하고 나서 조준하는 것은, 세부적인 행위는 비슷하더라도 전혀 다른 결과를 가져온다.

결합법칙과 교환법칙이 보여주는 것은 바로 이런 차이다.

결합법칙은 덧셈과 곱셈에 쓰인다. 결합법칙은 셋 이상의 수를 더하거나 곱할 때 작용하며, 5+3+2처럼 간단한 덧셈을 할 때조차 생길 수 있는 애매함을 없애려고 고안됐다.

여기서 애매함이란 5+3+2를 두 가지 방법으로 계산할 수 있다는 것이다. 우선 3에다 2를 더한 다음 그 결과에 5를 더할 수 있다. 혹은 5에다 3을 더한 다음 그 결과에 2를 더할 수도 있다. 두 가지 모두 결과는 10이다.

즉, 어떤 식으로 결합하든 결과는 같다.
우리는 두 가지 방법으로 세 수를 더할 수 있다.
'자, 그럼 계속 해볼까?'
원한다면 결합법칙이 모든 자연수에 대해 성립하도록 허용함으로써 훨씬 더 앞으로 나아갈 수도 있다.
임의의 세 자연수 x, y, z에 대해 다음과 같은 결합법칙이 성립한다.

$$(x+y)+z = x+(y+z)$$

결합법칙은 행동 지침을 형성할 만큼 직설적이다. 잠재되어 있는 모호함은 사라진다. 하지만 명확하지는 않다. 말하자면, 다른 방향으로 갔을 수도 있다. 나눗셈과 뺄셈에서 결합법칙은 전혀 다른 결과를 가져온다. 12를 6으로 나누고 나서 2로 나눈 값(1)은 결합법칙이 의미하는 것처럼 12를 6 나누기 2의 결과인 3으로 나눈 값(4)과 같지 않다.

교환법칙은 덧셈과 곱셈에서 역할 전환을 결정한다는 점에서 결합법칙과 비슷하다. 5+3과 3+5는 똑같은 수를 나타낸다. 즉, 임의의 두 수 x, y에 대해 다음의 등식이 성립한다.

$$x+y = y+x$$

교환법칙은 5+3이 3+5와 같다는 사실을 마지막으로 확증해준다. 교환법칙은 덧셈과 곱셈의 경우엔 조금도 놀랍지 않지만, 결합법칙과 마찬가지로 뺄셈과 나눗셈에 대해서는 무효가 된다. 어떤 일을 하는 두 가지 방법이 같다는 사실을 입증하므로 역동적인 대칭성은 교환법칙에서 또 다시 효과를 거둔다. 다섯 계단을 먼저 오르고 나서 세 계단을 오르는 것이나 세 계단을 먼저 오르고 나서 다섯 계단을 오르는 것이나 차이가 없다.

교환법칙이 결합법칙과 그토록 '비슷'하다면 모든 점을 고려해볼 때 이들 법칙 사이에는 어떤 차이가 있을까? 그렇게 큰 차이가 있다고는 보지 않는다. 이들 법칙 모두 연산이 이루어지는 순서에는 무관심하다는 걸 보여준다. 결합법칙은 괄호의 위치를 이용해 이런 무관심을 표현한다. 교환법칙은 법칙을 설명하는 데 이용되는 수의 자리바꿈을 통해 무관심을 나타낸다. 일관성 있는 표기법을 간절히 바라는 수학자라면 교환법칙을 $x+(y)=(x)+y$로 나타낼 수도 있다. 이로써 수의 자리바꿈을 통해 교환법칙이 표현하는 역할 전환을 쓸모없는 괄호가 수행한다.

소거법은 앞으로 전개될 일련의 절차에서 맡은 중요한 역할과는 어울리지 않게 시시한 분위기를 전달한다. $2+3=(1+1)+3$은 분석에 그다지 많은 것이 필요치 않은 명제다. $2+3$과 $(1+1)+3$은 동일한 수로, 같은 결과를 얻는다.

그런데 여기서 한 걸음 더 나아가 소거법은 이 경우 2가 (1+1)과 같을 수밖에 없다는 걸 보여준다. 소거법은 다양한 항등식에서 공통 인수를 지움으로써 나눗셈의 근원적 형태를 보여준다.

일반적으로는, $x+z=y+z$를 만족하는 임의의 세 수 x, y, z에 대해 다음의 등식이 성립한다.

$$x = y$$

곱셈도 같은 전례를 따른다.

지금까지 얘기대로라면 소거법은 양수에 대해서는 사실이지만 간혹 거짓이 되는 경우도 있다. 5×0이 1100×0과 같다(결국 둘 다 0이 된다)는 사실로부터 5와 1100이 같다는 결론을 얻을 수는 없다.

이처럼 특별한 수에 성립하는 것은 모든 수에도 성립한다. 즉, $x×0=y×0$이 $x=y$를 의미하지는 않는다.

0은 자연수 구조에 맞서 소거법이 동원될 때 뜻하지 않은 장애물로 작용한다. 이는 이토록 보잘 것 없이 작은 수가 기초수학에서 재미있는 역할을 한다는 또 다른 증거다.

삼분법은 잘 설계된 트러스트 구조물처럼 집합을 몇몇 분파로 나눈다.

7과 5에 대해 7은 5와 같든지, 7은 5 더하기 어떤 수와 같든지, 5는 7 더하기 어떤 수와 같다. 이는 분명 이런 결과에 이른 법칙이 필요 이상으로 남용되는 듯한 느낌을 줄 수도 있다. 19세기 말이 돼서야 명확성의 문제를 알아차린 수학자들은 증명이 필요함을 인식하고 필요한 증명을 했다.

삼분법이 강요하는 것은 이것이 '그러하며' 모든 수에 대해 그럴 수밖에 없다는 느낌이다. 여기에는 세 가지 분파가 있으며 네 번째는 존재하지 않는다.

임의의 두 수 x, y와 어떤 수 u, v에 대해 셋 중의 하나가 성립한다.

$x = y$,
또는 $x = y + u$,
또는 $y = x + v$

삼분법은 달리 표현할 수도 있다. 이는 순서의 개념에 따라 부가적으로 얻게 된 결과다.

임의의 두 수 x, y에 대해 셋 중의 하나가 성립한다.

>$x = y$,
>또는 $x > y$,
>또는 $y > x$

그러나 삼분법은 곱셈에 대해서는 '성립하지 않는다.' 여러분이 직접 확인해보길 바란다.

분배법칙은 처음으로 덧셈과 곱셈을 따로 또 같이 취급한다. $3 \times (2+5)$는 두 가지 연산을 할 필요가 있으며, 그럼으로써 연산에 대한 책임을 나눈다. 덧셈을 먼저 하고 곱셈을 나중에 하여 연산이 완성된다.

2와 5를 합하기 '전'에 이들 수에 곱셈을 분배해서 $3 \times (2+5)$을 $3 \times 2 + 3 \times 5$로 나타내면 어떨까?

$3 \times (2+5)$과 $3 \times 2 + 3 \times 5$ 모두 21이 된다는 사실은 분배법칙을 설명해준다. 몇 가지 사례를 살펴보는 것만으로 누구나 납득할 수 있다면 이는 전체적으로 사실이다.

이것이 바로 분배법칙이 주장하는 바이다. 따라서 임의의 세 수 x, y, z에 대해 다음의 등식이 성립한다.

>$x \cdot (y+z) = x \cdot y + x \cdot z$

분배법칙은 곱셈 '에서' 덧셈 '으로' 진행되지만, 그 반대로는 진행되지 않는다. 즉, 덧셈을 곱셈에다 분배할 수는 없다. 3+(5·2)는 (3+5)·(3+2)와 같지 '않다.'

이들 식은 서로 비슷한 값에도 이르지 못한다.

CHAPTER 15
수학적 귀납법

내림 정의는 '교묘한 말솜씨로 무한한 연산을 어떻게 아우를 수 있는가?'하는 의문을 품게 만든다. 수학자는 재귀 이론을 이용해 모든 것이 잘 굴러간다고 설득력 있게 말할 수 있다.

| 초월적 성격의 집단 |

그러나 기초수학은 덧셈이나 곱셈의 정의를 곧잘 뛰어넘는다. 덧셈에 대한 결합법칙은 (3+5)+2=3+(5+2)를 확증함으로써 보편적 상식을 인정한다. 어떤 두 수도 (3+2)+5와 3+(5+2)만큼 성실하게 같을 수는 없다. 임의의 세 수에 대하여 같은 실행이 가능하며, 그 결과는 항상 같기 때문에 늘 만족스럽다. 아직까지는 결합법칙이 '모든' 자연수에 대해 성립한다. 어디서 무엇을 보든, 그 결합이 눈에 띄지 않은 채 미처 살펴보지 못한 수들이 있게 마련이다. 수학자들에게는 유한함의 한계를 뛰어넘는 기술을 발휘할 능력이 있다. 그들은 경험의 범위를 뛰어넘는 초월적 성격의 집단이다. 수학자들의 주장은 걱정과 놀라움을 똑같이 불러일으킨다.

'그들에게 그런 능력이 있다고?'
'정말?'
'어떻게?'
'그렇다면 어쩔 수 없지.'
'한번 증명해봐.'

| 귀납법 |

기초수학에서 수많은 증명은 귀납법으로 이루어진다. 수학에서는 상당수의 증명이 대개 귀납법으로 처리된다. 귀납법의 원리를 설명하기는 쉽지만 이해하기는 어렵다.

어떤 성질이 자연수에 대해 성립하는가? 그 성질은 '모든' 자연수에 대해 옳은가? 세는 것은 별반 소용이 없다. 수는 너무 많고, 시간은 좀처럼 없다. 이에 귀납법의 원리는 수학자가 두 가지 단계를 거칠 수 있다면 '그렇다'라는 답변을 내놓는다.

첫 번째 단계 : 어떤 성질이 1이나 0에 대해 성립한다는 걸 보임으로써 귀납법의 토대를 쌓는 일이다.

두 번째 단계 : 어떤 성질이 임의의 수에 대해 성립'하면' 그것은 바로 다음 수에 대해서도 성립한다는 걸 보임으로써 귀납적 가설을 세우는 일이다.

귀납법의 토대에 대한 '입증'과 귀납적 가설의 '증명'(이들 두 단계)이 이루어지고 나면 귀납법의 원리는 어떤 성질이 모든 자연수에 대해 성립한다고 외친다. 전적으로 옳다. 초월적 성격의 수학자들이 '획' 하고 내는 초월적 소리란 바로 이런 것이다.

귀납법의 일부 개념은 아주 오랜 역사를 갖는다. 유클리드가 『원론』에서 입증한 다양한 명제까지 거슬러 올라가는 것이다. 이들 명제는 공인되지는 않았으나 영향력은 상당하다. 17세기 블레이즈 파스칼은 이를 '유한한 내림법'이라 불러 수학적 귀납법에 명칭의 위엄을 부여했다. 그는 여기서 뭔가 더해야겠다는 의무감을 느끼지 않았다. 파스칼의 뒤를 이은 위대한 수학자들은 줄곧 자신들과 동고동락해온 동지인 양 수학적 귀납법을 이용했다. 결국 수학적 귀납법이 추론의 원리임을 알아차린 이는 아우구스투스 드 모르간이었다. 그는 귀납법의 원리를 현대적 방식으로 표현할 만큼 자신이 그것을 충분히 이해한 것에 대해 안도감을 느꼈다.

여기서 우리는 드 모르간에다 주저 없이 페아노를 추가시켜야 한다. 수학적 귀납법의 원리는 페아노의 마지막이자 다섯 번째 공리에 의해 완전히 마무리되기 때문이다. 공리는 무엇이 사실이고 사실이 아닌지에 대한 진술은 물론 진행 규칙이나 방법으로도 작용하면서 언제나 분열된 본성을 보여주었다. 페아노의 다섯 번째 공리가 수학적 귀납법의 사용을 정당화하는 것은 그것이 두 번째로 구현됐을 때다.

| **넘어지는 도미노** |

대개 수학적 귀납법은 일렬로 늘어선 도미노로 묘사된다. 도미노의

열은 첫 번째 도미노에서 출발하지만 그 끝은 없다. 도미노는 우주 공간으로 끝없이 뻗어나간다. 도미노는 똑바로 세워져 있다. 이때 첫 번째 도미노가 넘어진다. 이런 이미지가 보여주고자 하는 것(그것은 소름이 끼칠 정도로 기발하다)은 첫 번째 도미노가 넘어지면서 어마어마한 파문이 도미노의 열을 뒤덮어 도미노가 연이어 넘어지기 시작하는 것이다.

간혹 인터넷에는 세상에서 가장 긴 도미노 열을 만들어내려는 중국 청소년들의 동영상이 올라오는데, 언젠가 그 중 하나를 본 기억이 난다. 도미노는 북경 대학의 한 강의실에서 시작해 천안문 광장 한가운데까지 수킬로미터나 뻗어 있었으며, 마지막으로 쓰러지는 도미노가 종을 울리도록 돼 있었다. 그런데 심판(이처럼 지긋지긋한 일도 결국엔 시합이었다) 한 사람이 보국사(報國寺) 근방에서 부주의로 도미노에 걸려 넘어지면서 도미노가 '양'방향으로 쓰러졌고 그 결과 세계 기록을 달성하려는 이들의 목표가 수포로 돌아간 불운한 사고가 일어났다.

시합을 망쳤다는 이유로 심판이 처형을 당한 것도 납득이 간다.

비록 기록 경신은 이루지 못했지만, 그것이 전달하려는 의미와 더불어 어떤 이미지가 떠오른다. 첫 번째 도미노가 넘어지고 임의의 도미노가 넘어질 때 다음의 도미노가 넘어지면 모든 도미노가 넘어진다는 것이다.

그런데 이런 주장이 물리적으로 가능한지 이따금 궁금할 때가 있다. 운동량은 도미노 열에 전달되며, 이는 도미노가 계속해서 한쪽으로 넘어진다는 의미일 것이다. 하지만 운동량은 도미노 열에서 언제든 사라질 수 있으며, 이는 도미노 열이 우주 공간으로 뻗어감에 따라 그것이 일으킨 파문이 점차 느려져 독야청청 하나의 도미노만을 남긴 채 모든 도미노가 넘어진다는 의미일 수도 있다.

이런 의혹은 임의의 수학 연산에 대한 물리적 유추의 불가피한 한계를 드러낸다.

| 톱니바퀴 |

수학적 귀납법의 원리는 일종의 공리이며 가정이다. 그것은 그 이상의 가정으로부터 이끌어낼 수도 있지만, 그리 되면 일련의 논리적 의존 상태를 드러내 보이는 결과를 초래할 것이다.[25] 수학적 귀납법의 원리를 적용하려면 수학자들은 추론의 토대가 존재함을 입증하고 귀납적 가설을 증명해야 한다. 그러나 이렇게 하고 나서도 모든 자연수에 대해 뭔가를 입증했다는 그들의 결론은 언제나 그렇듯 일종의 가정으로 남아 있다.

가정을 입증할 수 없다면 평가만이라도 해볼 수 있다. 귀납법의 원리는 타당한가? 설득력이 있는가? 수학자들이 오랫동안 귀납법에 길들여진 것은 사실이다. 수학자들은 귀납법이 보여주는 대담무쌍함에 태연한 반응을 보인다. 그럼에도 이런 공리가 수학적 속임수의 형태를 내포한다는 느낌은 보편적으로 남아 있다. 의심의 여지가 없는 주장을 알리는 추론의 '신호음'을 듣고 싶어 하는 독자들은 신호음이 존재하지 않는다느니 자명한 느낌을 보여주는 감정적 안정감을 어디서도 느낄 수 없다느니 하는 불평을 늘어놓을 수도 있다.

귀납법을 증명하려는 불가능한 시도 대신, 그 타당성을 입증하고자 고안된 톱니바퀴 속으로 들어가 보자.

덧셈에 대한 결합법칙은 임의의 두 수 a, b와 임의의 수 z에 대해 다

---

[25] 유도 과정은 뒤이어 나올 것이다. 계속해서 읽기 바란다.

음 등식이 성립함을 확인해준다.

$$(a+b)+2 = a+(b+2)$$

톱니바퀴는 결합법칙에 따라 수를 어떤 식으로 하나씩 잘게 쪼갤 수 있는지 보여준다. 이는 귀납법에 의한 증명을 보여주는 하나의 '실례'로, 숨겨진 장치와 강철 톱니, 별도의 부속품을 아주 생생하게 보여준다.

톱니바퀴의 작동은 결합법칙을 위한 귀납적 토대를 수학자가 이미 제공했다는 가정에서 출발한다.

$$(a+b)+1 = a+(b+1)$$

또 수학자는 결합법칙의 귀납적 가설을 이미 입증해 두었다.

$$(a+b)+n = a+(b+n)\text{이면 }(a+b)+n+1 = a+(b+n+1)\text{이다.}$$

n과 $n+1$이란 기호는 74와 75처럼 연속한 임의의 두 수를 나타낸다.

지금까지는 실행 없는 약속만 있어 왔다. 톱니는 이제부터 돌기 시작하며 톱니바퀴는 결합법칙이 '2'에 대해 성립함을 보여줄 것이다.

이들 톱니의 작동으로 결합법칙은 연속한 임의의 수에 대해 조건부로 성립한다. 이는 귀납적 가설이 부담해야 할 짐이다.

결국 그것은 두 수 1과 2에 대해 확실히 성립한다.

우선 귀납적 토대의 가정에 의해 결합법칙은 1에 대해 성립한다.

따라서 결합법칙은 2에 대해서도 성립한다. 이는 '논리적으로' 옳다.

1과 2를 통합하는 귀납적 가설은 다음과 같다.

(a+b)+1=a+(b+1)이면 (a+b)+2=a+(b+2)이다.

여기서 귀납적 토대는 $(a+b)+1=a+(b+1)$이고, 나사를 회전해 $(a+b)+2=a+(b+2)$를 얻는다.

여기에는 순수한 논리, 다시 말해 P와 $P \rightarrow Q$가 참이면 Q역시 참이 되는 전건긍정식(前件肯定式)이라 불리는 원리가 작용한다.

결합법칙이 2에 대해 성립한다면 같은 논거로 3에 대해서도 성립해야 한다. 3에 대해 성립한다면 4에 대해서도 성립해야 하며, 4에 대해 성립한다면 5에 대해서도 성립해야 한다.

이제 눈코 뜰 새 없이 바빠진 톱니바퀴는 자연수의 열을 먹어치운다. 한 번에 한 걸음씩 내딛으며 지칠 줄 모르는 불굴의 논리 기계는 간단한 장치로도 눈에 띄는 성과를 이뤄낸다.

그렇다면 톱니바퀴는 결합법칙에 대한 증명일까? 물론 아니다. 결합법칙의 증명은 톱니바퀴가 작동하기 '전에' 온다.

여기저기서 숙덕거리는 소리가 들려온다.

'흥! 벌린스키 박사. 톱니바퀴는 실제로 아무것도 증명해보이지 않았잖소? 이게 당신이 말하려는 바요?'

반은 옳다. 즉, 톱니바퀴는 아무것도 '증명하지' 않았다.

하지만 좀 더 깊이 따져보면 역시 옳다. 톱니바퀴는 실례일 뿐만 아니라 계시의 수단이기 때문이다. 귀납법의 원리에 대한 수학자의 충성은 그들의 초월적 성격과도 들어맞는다. 수학적 귀납법에 의한 증명은 기이하게도 '맹신'과 흡사한 비약이다. 귀납법은 유한한 것에서 무한한 것으로 가로질러 가기 때문에 '비약'이라고 할 수 있다. 톱니바퀴가 계시를 한다 해도 귀납법은 유한한 것을 뛰어넘을 수 없기 때문에 그것은 '믿음'의 비약이다.

결합법칙에 대한 '증명'은 수학자의 황금 투구를 과시한다. 여기서 톱니바퀴는 그들의 결정적인 약점이다.

맹신은 수학자의 본질이다. 그들을 이보다 더 확고히 할 방법은 없다. 그리고 이 점 역시 중요하다.

| 정렬집합 |

페아노의 마지막이자 다섯 번째 공리는 설명과 규칙 사이에서 그 본질이 나뉜다. 공리는 수학자의 친구(종종 최고의 친구)처럼 나타난다. 귀납법의 원리로 표현된 페아노의 공리가 모든 수에 대한 주장을 만들고 입증할 방법을 제공하기 때문이다. 증명은 수학자 본연의 일이다. 증명할 수단이 없다면 그들이 설 자리가 있겠는가?

응당 그래야 하겠지만, 증명의 기술인 귀납법의 타당성은 페아노의 다섯 번째 공리에 내포된 주장에 달려 있다. 즉, 1을 포함하고 일정한 수를 포함할 때마다 그 후자를 포함하는 집합은 모든 수를 포함한다는 것이다.

이런 주장은 결코 분명치 않으며, 이 때문에 19세기가 돼서야 제대로 형식을 갖출 수 있었다. 일단 형식을 갖추고 나자 그것은 분명해 '보였다.' 이는 계속할 수만 있다면 계승으로 모든 자연수를 만들어낼 수 있다는 인간의 확신을 아주 뿌리 깊게 표현하고 있기 때문이다.

이상한 일이지만, 수학적 귀납법의 원리는 더욱 일반적인 가정으로부터 이끌어낼 수도 있다. 그 가정은 어떤 체계에서는 공리지만 다른 체계에서는 정리로 나타난다.

그 배경은 집합론이며, 일반적인 가정이란 '정렬 원리'를 의미한다. 공집합이 아닌 모든 부분집합이 최소의 원소를 포함할 때 그 집합은 '정렬집합'으로 불린다.

정렬집합의 예로는 자연수 집합을 들 수 있는데, 이는 자연수의 중요성에 비춰볼 때 완벽한 예다. 짝수 2, 4, 6, 8, ……은 2를 최소 원소로 갖는다. 홀수에는 최소 원소 1이 포함되어 있다. 짝수와 홀수는 자연수 집합의 부분집합이다. 더욱이 전체로서의 자연수 집합은 최소 원소로 1을 포함하고 있다. 따라서 자연수는 정렬 집합이다.

하지만 음수는 정렬 집합이 아니다. 음수는 -1에서 시작된다. 그런데 임의의 수 n에 대해 n보다 작은 음수인 $n-1$이 늘 있게 마련이다.

정렬 원리로부터 페아노의 다섯 번째 공리가 정리의 형태로 거의 동시에 뒤따라 나온다.

1을 포함하고 n을 포함할 때마다 $n+1$도 포함하는 양의 정수 집합 S가 모든 양의 정수를 포함한다고 하는 페아노의 공리를 마지막으로 한 번 더 반복해도 된다.

'정렬 원리만 주어지면' 이것이 옳다는 증명을 충분히 이해할 수 있다. 정렬 원리는 모순율을 이용해 문제가 되는 사항을 입증할 수 있기 때문이다.

귀납법의 원리가 '틀린' 걸까? 다시 말해 집합 S는 모든 양의 정수를 포함하지 않는 걸까?

그럴 가능성도 충분하다. S에 속하지 않은 '나머지' 양의 정수로 이루어진 집합 K를 생각해보자.

나머지가 없다면 증명은 더 이상 필요 없다.

다음으로, 나머지가 '있다고' 가정하자. 이 경우 정렬 원리에 따라 집합 K는 최소의 원소 m을 포함한다.

그 수가 1인가?

그건 불가능하다. 가정에 의해 1은 저쪽의 '다른' 집합 S에 들어 있다.

그렇다면 m은 틀림없이 1보다 클 것이다.

마찬가지로 $m-1$ 역시 양의 정수여야 한다. 결국 0과 1 사이엔 어떠한 양의 정수도 존재하지 '않는다.'

자, 보라. 이는 $m-1$ 역시 집합 S에 속한다는 걸 뜻한다.

그렇다면 그것은 S에 들어 있다.

그런데 $m-1$이 S에 속하면 $(m-1)+1$과 같은 m 역시 S에 속한다.

모순율을 입증하는 데는 이것만으로도 충분하다.

왼쪽으로 가면, m은 집합 K에 속한다.

오른쪽으로 가면, m은 집합 S에 속한다.

1은 물론 동일한 수가 S와 K에 동시에 속할 수 없다.

이런 주장이 수학적 귀납법의 원리를 입증하는 데 큰 도움이 되는가? 아니면 그저 억지소리에 불과한가?

내 생각에는 후자인 것 같다.

수학적 귀납법의 원리는 자연수에 직접 말을 건다. 수학적 귀납법은 다른 무엇도 아닌 자연수에 관한 것이다. 정렬 원리에는 집합이 주를 이루는 낯선 세계에 대한 냉정한 확신이 깃들어 있다. 하지만 아쉬운 게 많은 수학자라면 두말할 나위 없이 무리 속의 낯선 존재를 눈감아주고 정렬 원리를 괜찮은 친구로 받아들일 만반의 준비가 돼있을 것이다.

CHAPTER 16
소냐 코발레프스키

이처럼 무미건조한 설명이 한창일 때 수학자들의 숨겨진 열정과 그런 열정이 불러일으키는 극적인 효과를 떠올리는 것도 나쁘지는 않을 것이다.

| 열정 |

소냐 코발레프스키는 1850년 모스크바에서 태어나 1891년 스톡홀름에서 생을 마감했다. 1650년 폐렴에 걸린 르네 데카르트가 목숨을 잃은 스톡홀름은 수학적으로 불운한 도시였다. 수학자와 작가로서 뛰어난 재능을 보인 소냐 코발레프스키는 경솔한 러시아인들이 연출한 멜로드라마 같은 극적인 삶을 살았으며, 거기서 여주인공인 동시에 희생양이었다.

멜로드라마에서처럼 그녀는 부와 권력 그리고 호화스런 영지가 있는 집안에서 태어났다. 군림하려 들었던 아버지는 자기 기분에 따라 가정의 평화를 깨뜨릴 수도 있는 인물이었다. 명망 높은 천문학자의 딸인 어머니는 음악적 재능이 뛰어났다. 언니인 아냐는 첫째로 태어나 부모의 사랑을 독차지했으며, 남동생인 페드야는 집안의 일인자이자 후계자였다. 맏이인 아냐와 막내 페드야는 위태롭고 불안한 정서를 부모에게서 물려받았다. 예의범절과 규율에만 사로잡힌 아이들의 가정교사는 엄격하고 고지식하고 따분한 사람이었다.

한편, 러시아인들의 극적인 드라마에서 빼놓을 수 없는 존재가 있으니, 장난기 많은 괴짜 삼촌이었다. 삼촌은 부모의 사랑을 받지 못한 어린 소냐에게 동화를 들려주기도 하고 짤막한 아이의 손가락에 맞춰 체스판을 고쳐주기도 했다. 또 이해하기 힘들고 신비하게 느껴지지만 아이의 마음을 사로잡은 것들, 이를테면 원의 넓이 구하기나 점근선 따위의 위대한 공상을 함께 나누었다.

어린 시절 소냐 코발레프스키는 당시 러시아의 수학계에 혜성처럼 등장한 수학자 티르토프 교수가 쓴 교과서를 공부하면서 19세기 수학의 기초를 닦았다. 때마침 지주며 재력가가 된 티르토프는 소냐네 집안과 이웃이 됐다. 여성은 수학에 능할 수 없다는 그의 확신은, 수줍음 많지만 야무진 소냐가 자신의 교과서에서 복잡한 공식을 능숙하게 골라내 제시된 문제를 해결하자 탄복 속에서 여지없이 무너지고 말았다. 소냐의 재능을 알아본 티르토프는 계속 공부를 시켜야 한다고 아이 아버지를 설득했다. 그리하여 소냐 코발레프스키의 아버지와 티르토프는 아이의 공동 후견인이 되었다. 아무것도 모르는 순진한 소녀는 자식이 잘 되기만을 바라는 사려 깊은 후견인 외에 또 다른 후견인의 보살핌을 받게 된 것이다.

아버지의 완전한 동의를 얻는 데는 4년의 세월이 걸렸다. 하지만 결국 자신이 담대하면서도 어려운 일을 해냈다는 심정으로 그는 딸 소냐가 상트페테르부르크에서 해석기하와 미적분을 공부할 수 있도록 허락했다. 물론 소냐는 개인 지도를 받았으며, 보호자 역할을 하는 여성이 따라붙었다. 덕분에 안락한 생활을 할 수 있었지만, 한편으론 자유에 제약을 받았다. 삶은 시끌벅적하고 활기찬 사람들 틈에 끼어 자유롭게 공부하는 평범한 세계와는 거리가 있었다. 그런 세계는 어쩌면 그녀가 품은 지적인 열망, 가여울 만큼 고통스런 열정을 불태우는 데 도움이 될 수도 있을 터였다.

소냐 코발레프스키의 출중한 능력에 의혹을 품은 사람은 없었다. 어쨌거나 러시아에서 그녀를 가르쳐본 이들은 그랬다. 대학 교육을 받을 자격이 있다는 데에 이의를 제기할 이도 없었다. 그러나 당시 러시아 대학은 여성에게는 입학이 허용되지 않았다. 고국에서 학업을 계속할 수 없었다면 소냐는 외국으로 나가야만 했을 것이다. 19세기의 러시아는 오늘날 이슬람 세계와 마찬가지로, 미혼 여성이 여행할 자유를 얻는다는 게 배움의 자유를 얻는 일만큼이나 어려웠다. 소냐에게 잠재된 성적 능력을 위험천만한 에너지로만 생각했다면 그녀의 아버지는 사랑스런 자기 딸이 매일 저녁 상트페테르부르크에서 출발하는 국제열차의 침대칸 등받이에 아무렇게나 기댄 모습을 상상하는 일에 심기가 불편했을 것이다. 단정하게 은폐된 그녀의 몸은 러시아 사업가, 군 장교, 야바위꾼, 지주, 관료, 스위스 공무원을 비롯해 식당 칸에서 차와 파이를 파는 판매원들까지 자극할 수 있었다.

혼자 앉아서 그것도 더군다나 수학 논문을 읽고 있는 여성은 교양 있는 남성들 사이에서조차 색정을 유도하는 것으로 널리 인식되던 시대였다. 안나 카레니나는 기혼이었음에도 상트페테르부르크에서 모스크바로 가는 야간 침대열차를 타고 홀로 여행하는 데 상당한 시간을 보냈다.[26]

그녀를 불안스럽게 지켜보던 가족은 소냐가 하고 싶은 대로 하며 혼자 사는 동안 집 밖에서 벌일지 모르는 애정 행각을 상상하기에 이르렀다. 블라디미르 코발레프스키와의 정략결혼을 택한 그녀의 해법은 최고의 계책이었다. 찰스 다윈을 열렬히 찬미한 블라디미르는 고생물학자를 꿈꾸는 생물학도였다. 소냐 코발레프스키는 좁은 의미의 자유를 내줌으로써 넓은 의미의 자유를 얻었다. 그녀는 하이델베르크로 서둘러 떠났다. 19세기에 아름다운 대학 도시였던 하이델베르크는 다행히 20세기까지도 고풍이 훼손되지 않고 그대로 남아 있었다.

지도교수들의 극찬을 담은 추천서 덕분에 소냐는 독일수학학회의 걸출한 수학자 가운데 한 사람인 카를 바이어슈트라스를 만날 수 있었다. 상냥하면서도 차림새가 단정치 못한 바이어슈트라스는 상급반 학생들을 위해 준비해둔 문제들을 소냐에게 내주었다. 소냐가 아주 놀라울 정도로 쉽게 문제를 풀어내자 그는 "높은 수준의 교육을 받을 수 있을 만큼 실력이 충분하다"는 후한 평가를 내렸다. 이로써 소냐 코발레프스키에게 영향력 있는 새 후견인이 생긴 셈이었다. 그녀는 유럽의 수학계에서 기라성처럼 늘어선 수학자들의 중심부로 떠오르는 샛별이었다.

이후 소냐는 자신의 짧은 생을 열정으로 불태웠다. 그녀가 편의상 감행한 애처로운 정략결혼에도 나름의 요건은 있었다. 놀랍게도 소냐와 블라디미르 코발레프스키 두 사람 모두 쌍방 어느 쪽도 약속한 바 없는

---

[26] 러시아 작가 톨스토이의 장편소설 『안나 카레니나』에서 주인공 안나는 열차 투신자살로 힘겨운 불륜의 사랑을 마무리한다(옮긴이).

협의 사항에 자신들이 힘을 소진하고 있다는 사실을 알게 됐다.

하이델베르크에서 4년을 보낸 두 사람은 상트페테르부르크로 돌아왔다. 소냐 코발레프스키는 곧바로 자신에게 교육의 기회를 허용치 않았던 사회가 일자리 역시 허용치 않는 현실과 마주해야만 했다. 딸을 낳은 소냐는 아이를 무척이나 아끼면서도 한편으론 무관심한 듯했다. 그녀는 다양한 희곡과 문학작품을 썼으며 소설에도 손을 댔다. 재능이 많은 다른 여성들과 마찬가지로 자신의 재능을 다른 곳에 쓸 수 있다고 확신한 소냐와 그녀의 남편은 여러 사업에 착수했다. 이들이 세운 사업 계획은 획기적이라 할 만큼 대단했으나 실패를 거듭해 결혼 생활까지 흔들릴 지경에 이르렀다.

결국 1883년 블라디미르 코발레프스키는 자살로 생을 마감했다.

소냐 코발레프스키가 삶에서 아무런 영예도 얻지 못했다고 단언하기는 어렵다. 다만 운이 따르지 않았을 뿐이다. 상트페테르부르크를 도망치듯 떠나 파리로 간 그녀는 수학 분야에서 활동을 재개했다. 그곳에서는 이미 언니인 아냐가 혁명적이라 할 만큼 자유분방한 삶을 살아가는 사람들과 교류 중에 있었다. 한가지만을 무섭게 파고드는 이들 보헤미안은 일상적인 일에는 무관심했다. 사람의 마음을 끄는 특별한 재능을 타고난 소냐는 위대한 바이어슈트라스의 제자로서 호소력 있고 단호한 면모를 타고난 괴스타 미타그 레플러의 눈에 들었다. 끝까지 소냐를 지지한 미타그 레플러는 스톡홀름 대학 측을 설득해 그녀가 임시 교수직이나마 얻을 수 있도록 힘써주었다. 체면을 제외한 모든 요건이 갖춰진 학계에서는 그처럼 어색한 합의가 널리 통용됐다.

연구를 계속해나간 소냐는 상미분방정식과 편미분방정식 이론에서 괄목할 만한 성과를 거둬 1888년 프랑스 과학아카데미로부터 보르댕상을 받았다. 프랑스인 역시 러시아인과 마찬가지로 전례 없는 성과에 경의를 표할 준비가 돼 있었다. 소냐는 스톡홀름 대학에서 종신 교수직을 얻었으며 러시아 과학아카데미 회원으로 선출됐다. 하지만 아카데미 회원이 되면 러시아에서 교수직을 얻을 수 있으리라는 바람은 한낱 꿈에 지나지 않았고, 그녀는 멸시와 체념이 뒤엉킨 기이한 현실과 마주했다. 1891년 소냐 코발레프스키는 폐렴에 걸려 갑작스럽게 세상을 떠났다. 그녀의 모습은 러시아 우표에 인쇄되어 오늘날까지 전해지며 달 저편의 분화구에도 그녀의 이름이 붙여졌다.

이 모든 이야기는 세상에 흔히 알려진 슬픈 역사에 속한다. 하지만 『러시아에서의 어린 시절』이란 제목이 붙은 자서전에서 소냐 코발레프스키는 다소 경이로운 느낌으로 어린 시절의 기억을 되짚는다.

소냐가 열한 살이었을 때의 일이다. 그녀의 침실은 벽지를 새로 할 필요가 있었다. 소냐 자신도 설명할 수 없는 어떤 이유로 침실 벽이 미적분에 관한 메모와 낙서로 뒤덮여 있었던 것이다. 삼촌을 통해 벌써부터 수학을 접하긴 했어도 고급 수학이나 미적분 공식까지는 아니었다. 소냐는 이렇게 썼다.

"나는 삼촌이 들려준 어떤 얘기에 주목했다. 이미 들어서 알고 있던 그 얘기는 이처럼 알아보기 어려운 상형문자를 그려볼 만큼 재밌었다. 비록 의미는 전혀 알지 못했지만 그것이 아주 지혜롭고 흥미로운 뭔가를 의미한다는 느낌이 들었다."

하지만 실제로 세상 모든 사람이 이런 식으로 자신이 이해하지 못하는 어떤 것에 크게 감동 받아 그것이 아주 지혜롭고 흥미로운 것을 나타내기를 바라는 건 아니잖은가?

CHAPTER 17

덧셈에 대한 결합법칙의 증명

덧셈에 대한 결합법칙은 모든 수 z와 임의의 특정한 두 수 a, b에 대해 $a+(b+z)=(a+b)+z$가 성립함을 나타낸다.
결합법칙이 이를 의미한다면 여기에 그 증명을 소개하고자 한다.

| 증명 |

덧셈에 대한 결합법칙의 증명은 수학적 귀납법을 따른다. 따라서 법칙이 1(또는 0)에 대해 성립함을 증명한 다음, 귀납적 가설을 입증할 필요가 있다. 증명은 허세 부리기가 아닌 수많은 부기 장부와 세부적인 내용에 달려 있다.
우선 표기법부터 살펴보자. a, b는 x, y같은 변수와 구별하기 위해 간혹 매개변수로 불린다. 그 값이 변하는 변수와 달리 매개변수는 특정한

수를 가리킨다. 이들 기호는 변호사가 배심원단을 위해 가설적 상황(가령, A가 술집으로 걸어 들어가 B와 싸움을 시작했다고 하자)을 구성할 때와 마찬가지로 특수하다는 느낌을 수학자에게 더 많이 준다. 그의 말을 끝까지 들은 사람은 A와 B가 정확히 누구일지 궁금해 하지 않는다. 그럼에도 A와 B를 개별적 인물로 추정한다. 논리학자의 말대로, 변수 x, y, z는 모든 수에 걸쳐 있다. 반면 매개변수 a, b, c는 어떤 수 혹은 다른 어떤 수를 가리킨다. 특정한 수와 결합한 어떤 수학적 표현을 위해 매개변수가 이따금 이용되는 반면, 변수는 나머지 일부가 이리저리 배회하도록 허용한다. ax란 표현이 바로 그와 같다. 여기서 x는 '임의의' 수를 나타내고, a는 '어떤' 수를 나타낸다.

이것들은 편의를 위한 구별일 뿐 본질적으로는 차이가 없다. 덧셈에 대한 결합법칙의 증명은 $x+(y+z)=(x+y)+z$로 쓰는 편이 오히려 나을지도 모르겠다. 하지만 매개변수에는 변수에 없는 이점이 있다. 어쨌거나 매개변수가 더 활기차 보인다.

그럼 증명을 살펴보자. 우선 0을 포함하고 어떤 수를 포함'하면' 그 후자 역시 포함하는 임의의 수의 집합은 모든 자연수를 포함한다는 페아노의 다섯 번째 공리가 있다.

따라서 결합법칙을 만족하는 수의 집합 A가 존재한다고 가정하는 것은 전적으로 타당하다.

'아직까지' 우리가 알지 못하는 것은 '이' 집합, 즉 '우리의' 집합 A가 모든 자연수를 포함하는지 여부다.

분명히 0은 A에 속해 있다. a, b가 어떠한 수든 $a+(b+0)$과 $(a+b)+0$은 하나의 동일한 값을 갖는다. 존슨 박사의 지적대로, "악명 높지만 의심할 여지가 없는 이 사실은 너무도 쉽게 입증되므로 증명이 필요 없다."

이러한 견해는 귀납적 논증의 귀납적 토대를 제공한다.

그러나 귀납적 가설은 그대로 남아 있다. 따라서 다음을 입증해야 한다.

z가 A에 속하면 z+1도 A에 속한다.

이는 힘을 가하면 지레가 작용하는 논증의 지렛대나 다름없다.

귀납적 가설을 입증하려면 z가 A에 속하고 이것이 '임의의' 수 z에 대해 성립한다고 가정할 필요가 있다.

z가 A에 속한다는 가정은 논증을 위한 것이다. 결국 문제가 되는 것은 'z가 A에 속하면 $z+1$역시 A에 속한다'는 조건명제다. 조건명제를 증명하려면 전건(z가 A에 속한다)을 가정하고 거기에서 후건($z+1$ 역시 A에 속한다)을 이끌어내는 것만으로도 충분하다. 논리학자들의 말대로, 가설이 전체적으로 옳다는 걸 보이기 위해 전건을 '조건부'로 가정한다.

가정에 따라 z가 A에 속하므로 다음 등식이 성립한다.

$$a+(b+z)=(a+b)+z$$

z에 대해 성립한 것은 바로 다음 수에도 성립해야만 한다.

$$a+(b+(z+1))=(a+b)+z+1$$

이에 대한 증명은 상식적인 표현을 요구한다.

증명 과정은 논리 법칙을 요란스럽게 선전한다.

아주 좋다. $a+(b+(z+1))$이 $(a+b)+z+1$과 같다는 등식이 쟁점 사항임을 배심원에게 상기시킨다.

또 두 가지가 같다는 걸 입증하려면 이들 중 하나에서 출발해 일련의 확인 작업을 거쳐 다른 하나를 이끌어내는 것만으로도 충분하다는 걸 다시 한 번 상기시킨다.

자, 그럼 $a+(b+(z+1))$에서 시작해보자.

또 덧셈의 정의에 따라 $a+(b+(z+1))$이 $a+((b+z)+1)$과 같다는 점을 주목하자.

그런데 z는 A의 원소이므로 $a+((b+z)+1)$은 $((a+b)+z)+1$과 같다.

그런 다음 덧셈의 정의에 따라 $((a+b)+z)+1$은 다시 $(a+b)+z+1$과 같아진다.

따라서 하나로 이어진 논리적 사슬 속에서 등식을 연결하면 다음과 같은 결과를 얻는다.

$$a+(b+(z+1)) = (a+b)+z+1$$

이로써 증명이 모두 끝났다.

그것도 아주 순식간에.

이런 증명은 이해하기 힘들 수도 있으나 결코 어렵다고는 할 수 없다. 그 어려움은 시시콜콜한 부분을 증명의 요지가 다 드러날 정도로 오랫동안 기억해야 하는 단기 기억이 만들어낸 까다로운 거부 반응에 불과하다.

이제 모두의 단기 기억을 새롭게 해보겠다. 증명의 요지는 결합법칙이 모든 자연수에 대해 성립함을 보이는 것이다. 그 정도는 누구나 기억한다.

또 누구든 증명이 귀납법을 통해 이루어진다는 사실을 기억한다. 먼저 0에 대해 성립함을 보인다. 그런 다음 결합법칙이 마지막 수인 n에 대해 성립'하면' 다음 수인 $n+1$에 대해서도 성립함을 보인다.

증명은 어떤 기술로 전개되는가? 결합법칙이 자연수 n에 대해 성립한다는 조건적 가정이 첫 번째다. 그런 다음, 하나로 이어진 일련의 등식에 의해 결합법칙이 n에 대해 성립한다는 가정은 그것이 $n+1$에 대해서도 성립한다는 결론과 연결된다.

증명의 가장 큰 흐름은 다음과 같다. 무엇을 증명할지 기술한다. 전건을 가정한다. 정의를 기억한다. 결론에 이른다.

세상에 이보다 간단한 게 있을까?

그렇게 말하긴 했어도 냉큼 한 마디 덧붙이자면, 세상에 이보다 복잡한 게 있을까?

덧셈에 대한 결합법칙을 증명하려면 덧셈의 정의에 호소할 필요가 있다. 맞는 말이다. 이미 그렇게 했다. 그러나 덧셈의 정의를 정당화하려면 사려 깊은 관찰자는 재귀 원리를 기억하고 있어야 한다. 맞는 말이다. 우리는 이제껏 그것을 잊지 않고 있었다. 하지만 여기서 더 나아가려면 증명은 귀납법을 필요로 한다. 맞는 말이다. 그런데 귀납법에 의한 증명은 페아노의 다섯 번째 공리를 요구한다.

여기서 받아들이기 어려울 만한 것은 없다. 크게 나무랄 데 없는 것이 때론 유익한 법이다. 덧셈에 대한 결합법칙에 나타난 명백함과 이를 이미 입증된 것들이 모인 장소로 정확히 가져오는 데 필요한 정교하고 상세한 구조는 놀랄 만큼 뚜렷한 대비를 보인다.

결국 간단한 덧셈을 두고 대화를 하는 동안 법률가와 논리학자는 2+(3+5)가 (2+3)+5와 같다는 것 말고는 더 깊이 있는 얘기를 나누지 않았다. 누구도 이것이 옳다는 사실에 의심을 품어본 적이 없기 때문이다.

다만 수학자만이 여기에 관여하지 않을 수 없다.

지금 이 책을 읽고 있는 여러분도 마찬가지다.

CHAPTER 18

음수의 역설

자연수는 이들 수가 나타내는 것이다. 0은 이 수가 나타내는 것이다. 이들 수는 형태가 없는 희미한 존재 양식을 갖는다.

| 0의 반대쪽 |

그럼에도 이들 수는 아주 자연스럽게 기하학적으로 묘사할 수 있다. 기하학자는 평면의 한 점에서 직선을 그어 이를 반직선이라 부른다. 이때 점은 0에 대응된다. 직선에서 0과 가까운 곳에 단위가 표시되는데, 이는 1에 대응하는 최초의 간격이다. '단위가 얼마나 큰가?'하는 것은 문제되지 않는다. 얼마나 먼 단위까지 측정할 수 있을까? 단위가 정해지면 직선의 나머지는 다시 여러 개의 단위로 나뉜다. 두 번째, 세 번째, 네 번째 단위는 각각 2, 3, 4에 대응된다.

이는 기하학적인 사고방식이다. 뭔가를 '보기' 전까지는 그것이 무엇인지 알 수 없기 때문이다. 점과 선은 수를 지상으로 끌어내려 활기를 불어넣었다. 이런 생각은 오랜 역사를 자랑한다. 수메르의 군 지휘관은 뭉툭한 집게손가락으로 땅바닥을 툭툭 치며 '지금 우린 여기 있다.'고 했다가 모래사막을 통과하듯 손가락을 일직선으로 거칠게 움직여 '그런데 저리로 가야 한다.'고 했을지도 모를 일이다.

반직선은 오직 수만이 제시 가능한 것을 극적으로 전달하며, 따라서 새로운 시작에 대한 약속이다. 전쟁, 아기, 마약치료 프로그램, 문명, 우주는 원점(0)에서부터 측정된다. 혁명은 위대한 사건이 처음 일어난 때를 0년으로 여겨 종래의 달력을 바꿔놓기도 한다. 텅 빈 평면에서 무심히 튀어나오는 숫자 0은 그것이 지닌 다른 임무 외에도 무(無)로부터 무언가 나타나는 형이상학적인 신비의 극치를 보여준다.

간단한 조치만으로 기하는 지도제작과 구별된다. 시노에서는 0이란 수가 여정이 시작되는 핵심 또는 중심으로 나타난다. 결과적으로 반직선은 끝 간 데 없이 유유히 뻗은 고속도로에 대응된다. 물론 현실세계에서 고속도로는 줄지어 늘어선 휴게소에 의해 불가피하게 나뉜다.

무언가를 그 시작에서부터 기록하려는 열망을 구체적으로 나타낸 것이 반직선이다. 따라서 반직선은 대개 기질적으로 쾌활한 정신 운동을 보여준다. 오늘날까지도 0의 '반대쪽'은 어둠으로 내려앉는 섬뜩한 암시를 준다. 수직선이 끝없이 펼쳐질 때면 더더욱 그렇다. 파리의 샤를 드골 공항에서 우리가 탄 보잉 747기는 대기를 뚫고 날아올라 빛을 향해 하늘로 올라간다. 느릿느릿 움직이던 거대한 비행기는 구름을 벗어나 마침내 하늘 높이 솟아오른다. 반면 0을 가로질러 어두운 쪽을 향할 때 우리는 밀실공포증을 유발하는 갱도나 쥐구멍, 오소리굴을 통해 아래로 내려가 마침내 지구의 가장 깊은 곳에 이른다.

하지만 빛을 향해 '내려가' 봤다는 사람은 세상 어디에도 없다.

| 어두운 쪽 |

−1, −2, −3, … 은 음수다. 이들 수는 언제나 불안감을 조장한다.

$4x+20=0$으로 나타난 방정식은 4에다 어떤 수를 곱해서 20을 더하면 0과 같다는 걸 뜻한다. '어떤' 수가 그럴 수 있을까? 이런 질문은 속임수로는 보이지 않는다. $4x+20=0$은 간단한 등식이다. 그와 아주 흡사한 방정식 $4x-20=0$은 우리에게 더욱 친숙하다. 방정식 $4x-20=0$은 5라는 분명한 해답을 갖고 있다. 4에다 5를 곱한 다음 20을 빼면 0이 된다. 하지만 $4x+20=0$은 그 해답이 무엇이든 분명치 않다.

그리스의 수학자 디오판토스는 알렉산드리아 사람인 유클리드와 마찬가지로 $4x+20=0$에 대해 생각했다. 그는 방정식이 해답을 갖는다면 유일한 해답은 음수가 되리라는 걸 금세 알아차릴 수 있었다. 우리는 그의 마음속에서 갈라진 내면의 목소리를 듣지는 못하지만, 상상해볼 수는 있다.

'자, 보라고…….

방정식의 양변에서 20을 빼는 거야.'

'왜?'

'그렇게 해도 아무 문제가 없기 때문이지.'

'내가 그걸 할 수 있을까?'

'왜 못할 것 같아?'

'아니, 그냥 물어봤어.'
'똑같은 것들에 똑같은 것을 더하면 그 결과는 같아. 아마 그 반대의 경우도 마찬가지이거야. 아무튼 그건 유클리드의 원론에 나와 있지.
그럼 4x=-20이 남게 돼.
그런 다음엔? 포기한다는 소리만 하지 마. 지금까지 잘 해왔으니까.
아마 방정식의 양변을 4로 나누면 될 걸. 그렇게 해도 될 거야.'
'그럼 어떻게 되는데?'
'글쎄, 놀랍게도 -5 외에는 다른 어떤 값도 얻지 못할 것 같군.'
'그건 옳다고 볼 수 없을 것 같은데?'
'그렇다고 틀린 것도 아니야.'
'어째서? 대부분은 ……'

    이런 어려움에 직면한 디오판토스는 후세의 수많은 수학자(그리고 학생들)가 하게 될 일을 앞서 했다. 그는 음수를 터무니없는 것으로 여겨 받아들이지 않았다. 하지만 결국에 가서는 수학이 부조리를 필요로 할지 모른다는 불안감을 떨칠 수 없었다.
    그런 생각을 한 것은 비단 디오판토스만이 아니었다. 7세기에 브라마굽타는 음수를 정확히 사용했지만, 뭔가 석연치 않다는 생각에 늘 시달렸다. 언젠가 통찰력을 갖게 되면 그런 불명확함은 완전히 사라지게 될 것이었다.
    그로부터 5세기가 지나 위대한 수학자 바스카라는 가령 $x^2=25$ 같은 2차 방정식의 음수 근(또는 해)을 찾는 방법을 찾아냈다. 하지만 그는 여론을 받아들여야 한다는 강박관념을 가진 사람답게 교활하게도 결론을 내리길 거부했다. "사람들이 음수 근을 인정하지 않는다."는 것이 그 이유였다.

이들 사례를 시대착오적인 것으로 봐야 할까? 전혀 그렇지 않다. 미적분이 탄생하고 무려 100년이 지난 18세기 말에도 영국의 수학자 프랜시스 마세레스는, 음수가 "방정식의 원칙을 통째로 애매하게 하고 본질적으로 아주 간단명료한 것조차 모호하게 만든다"는 글을 남겼다.

| 안 됐군, 피에르 |

오늘날에는 아이들도 음수를 배운다. 흔히들 아이들은 음수를 쉽게 받아들인다고 한다(물론 이를 굉장한 칭찬으로 생각하지 않는 이들도 있을 것이다). 음수는 부정적일 수 있지만, 더 이상 모호하지는 않다. 완전한 수직선이 반직선을 대신할 수 있을 때 특히 그렇다. 0과 자연수는 이들 수가 원래 있던 자리에 있지만, 0의 반대쪽은 고속도로처럼 뻗은 또 다른 반직선에 열려 있다. 음수는 바로 이 반직선 위에 새겨진다. 오늘날 프랑스의 고속도로는 사망자가 발생한 교통사고를 기억하고자 십자가를 설치해두는데, 음수는 바로 그 직선 위에서 나아갈 것이다.

'안됐군, 피에르. 새로 산 자네 포르셰도 그렇고.'

그 모습과 해석 모두에서 매력적인 대칭성이 작용한다. 직선을 원점에서 접으면 양수와 음수는 양자장(量子場) 이론에서와 마찬가지로 창조와 소멸의 임무를 떠맡게 될 것이다. 존 업다이크는 이렇게 썼다. "1과 마이너스 1을 생각해보자. 이들 수를 더하면 0, 즉 무(無)의 상태가 되지 않는가?"

소멸.

"그 수들을 함께 상상했다가 분리시켜 상상해보라. 이제 여러분은 뭔가를 얻었다. 한때 아무것도 없던 상태에서 두 가지를 얻었다."

창조.

창조와 소멸의 신비야 어떻든 수와 직선의 상호 교류는 산술과 기하의 보다 나아진 관계를 보여준다. '수가 직선에서 어떻게 자기 자리를 찾아내는가?'(암실 용어로는 '고정' 과정)하는 의문이 제기될 수도 있겠지만, 그런 의문은 산술이 기하에게 정보를 주고 기하가 산술에게 정보를 주는 방식인 상호 교류보다는 중요하지 않다.

수와 직선의 상호교류는 산술과 기하 사이의 통일성을 보여주며, 기초수학이 보유한 자원을 훨씬 넘어선다. 그러한 교류는 이미 확립된 범주를 허문다는 점에서 분명 새롭지만, 나눌 수 없고 형언할 수 없는 하나를 암시한다는 점에서 오래 됐다.

| 거리 |

말 등에 올라탄 기사는 수직선 위의 0에서 출발해 양수 방향으로 여행을 한다. 또각또각 울리는 힘찬 말발굽 소리와 함께 그는 지는 해를 따라가고 있다.

가엾고 뚱뚱한 얼간이 기사가 0으로 되돌아와서 말을 반대 방향으로 돌렸다고 가정하자. 이제 그는 달이 뜨는 방향으로 말을 몰고 있다.

그가 어느 쪽으로 가든 차이가 없지 않을까?

우선 0에서 출발한 그는 말을 타고 지는 해 혹은 뜨는 달을 향해 힘차게 전진한다.

또각또각 말을 타고 간다.

낮을 지나, 밤을 지나, 낮을 지나.
또각또각 말을 타고 간다.[27]

어느 방향으로 말을 몰든 릴케의 기사는 치질이 생길 즈음해서 1백 마일을 여행했다. 말 등에 올라 탄 사람이 얼마나 '멀리' 있느냐는 것은 그가 얼마나 멀리 갔느냐의 문제일 뿐 어느 방향으로 갔느냐의 문제는 아니다.

이번엔 또 다른 사람, 가령 수학자가 말에 올랐다고 해보자. 이 얼간이를 말안장 위에서 천천히 적응시켜보자. 그는 해가 지는 쪽으로 말을 몰아 1백 마일을 여행한다. 하지만 0으로 되돌아와 이제는 달이 뜨는 쪽으로 말을 몬다. 릴케의 기사와 달리 수학자는 마이너스 1백 마일을 움직인다. 마이너스 1백 마일은 1백 마일보다 작은 수다. 그것은 1백 마일보다 2백 마일 작다.

수학자가 어떻게 생각하든 '그는' 수직선을 따라 말을 모는 것이 아니다.

확률과 마찬가지로 거리는 음수가 될 수 없다.

| 빚 |

오랫동안 빚은 음수가 필수적인 것으로 여겨지는 영역이었다. 우리는 영화에서 은행가가 두 눈을 반짝이며 그렇게 하는 얘기를 듣곤 했다. 실제 은행업계는 근래 들어 이들 음수가 사람들에게 자신이 진 빚을 상

---

27) 시는 이렇게 계속된다. "그러자 용기가 사라지고 열망이 크게 다가왔다." (라이너 마리아 릴케, 〈기수 크리스토프 릴케의 사랑과 죽음의 노래〉)

기시켜줄 수 있다는 이유로 궁리 끝에 음수를 없앴다. 음수의 중요성을 확인하는 의외의 방식이라 할 수 있겠다. 물론 고대와 중세 시대를 통틀어 상인들은 돈이 들어오고 나가는 것을 어떻게 기록하는지 너무도 잘 알고 있었다. 그러나 삶의 현실로 여겨지는 빚과 정신의 측면으로 간주되는 수의 결합은 루카 파치올리가 1494년 『산술, 기하, 비율 및 비례 총람』을 출간하고 나서야 비로소 명확히 드러났다. 파치올리는 15세기 수학을 두루 섭렵한 수학자일 뿐만 아니라 실무가이기도 했다. 상인들에게서 받은 가르침을 다시 아들들에게 전수한 그는 베네치아 방식으로 불리는 복식부기를 기술한 것으로 잘 알려져 있다. 이름에서 보여주듯 복식부기는 회계 거래를 두 번에 걸쳐 기록해야 한다. 한 번은 돈이 들어오는 원장을 기록하고 두 번째는 돈이 나가는 원장을 기록한다.

'대차 합이 0이 되는지 반드시 확인하고 잠자리에 들라'고 파치올리는 권고했다.

설령 차변이 음수가 되더라도 우리가 할 수 있는 일은 다만 이것뿐이다.

음수는 이중 부기 체계에서 유용할 뿐만 아니라 일반적으로도 쓸모가 있다. 나의 삶과 부기 원장에는 감탄사가 나올 만큼 상당히 많은 음수가 펼쳐진다. 하지만 이들 사례에서 얻게 되는 것은 음수가 쓸모 있다는 증거라기보다는 그것이 나름의 정체성을 갖는다는 증거다. 새로운 수가 이런 식으로 고안되리라고는 예상치 못한 부기 담당자는 5달러의 빚 혹은 마이너스 5달러를 모두 D$5로 기록했을지도 모른다.

오랜 빚을 설명하는 데 새로운 수가 필요한 이유는 뭘까? 내가 5달러를 빌릴 때 이용되는 수는 반대로 내가 5달러를 빌려줄 때도 더할 나위 없이 훌륭한 효과를 갖는다. 만약 그 5달러를 이미 써버렸다면 나는 전보다 5달러를 적게 갖고 있는 셈이 된다. 또 한 푼도 없이 시작했다면 내가 쓴 돈은 사실 내 것이 아니었다. 하지만 어느 경우든 돈은 이미 써버렸고, 쓴 돈은 내게 돈을 빌려준 사람의 부기 원장과 마찬가지로 내 부기 원장에도 같은 자연수로 표기해야 한다. 내게 5달러를 빌려준 얼간이가 돈을 돌려달라고 요구할 때 한 가지 수를 생각하고, 나 역시 또 다른 수를 생각한다면 나는 그에게 얼마를 빌린 걸까?

한 푼도 빌리지 않은 거면 좋겠다.

그렇다면 이는 음수가 갖는 역설이다. 수가 수량의 크기이고 '얼마나 많은가?'하는 질문에 대한 대답인 만큼 그것은 0보다 작을 수 없다.

음수가 수량의 크기가 아니라면 그것을 수로 생각하는 이유는 뭘까?

음수가 "방정식의 원칙을 통째로 애매하게 하고 본질적으로 아주 간단명료한 것조차 모호하게 만든다."고 쓴 사람이 프랜시스 마세레스였던가?

나는 그렇게 알고 있다.

CHAPTER 19
대칭성

덧셈은 수에나 수를 더하고, 뺄셈은 수에서 수를 뺀다. 뺄셈은 덧셈을 원상태로 돌려놓는다.

| 뺄셈 |

위로만 더하고 아래로 더하지 않는 체계는 불안정하다. 그런 체계는 정확함을 생명으로 하는 기초수학보다는 합산이 좀처럼 이루어지지 않는 물리적 세계의 가능성을 반영한다.

뺄셈은 덧셈과는 달리 두 수 x, y의 합이 아닌 차를 나타내는 데 이용되는 연산이다. 수학자(그리고 그 외의 모든 사람들)는 그런 차이를 $x-y$로 나타낸다. 이는 +에서 가지 하나를 제거해 만든 기호로, 머리와 다리 없이 두 팔을 펼친 난쟁이의 형상을 하고 있으며 연산이 나타내고자 하는 요지를 정확히 드러낸다. 뺄셈은 무언가를 없애는 것이다. 그럼에도 뺄셈을 나타내는 데 쓰인 종래의 표기법은 그다지 신통치 않다. 뺄셈 기호와 음수 기호가 동일하기 때문이다. −5는 음수 5를 나타내는 기호다. 여기서 −기호는 일대일로 작용한다. 그것은 5의 부호를 바꿔놓는다. 하지만 **10−5**에서처럼 두 수 사이에 같은 부호가 놓이면 두 수가 제 3의 수에 결합하는 연산을 행한다. 양수 10에서 음수 5를 뺀다는 걸 나타내고자 기호를 결합하면 결과는 **10−−5**가 된다. 이는 수학의 명령어일 뿐만 아니라 언뜻 모스 부호로도 보일 수 있다.

−10−−5가 스테이크 전문 식당에서 누군가 구역질을 할 정도까지는 아니다.

'제발 도리스, 우물거리지 좀 마.'

이런 종류의 모호함은 오점을 보여준다. 이는 종종 고민거리가 되기도 하지만, 그리 심각하지는 않다. 적절한 괄호의 사용으로 상인과 수학자는 자신들이 의미하는 바를 보다 쉽게 설명할 수 있음을 알게 됐다. **10−−5**는 **10−(−5)**로 깨끗이 정리돼 다시 나타난다.

그런데 **10−−5**가 **10−(−5)**로 깔끔하게 정리되자마자 **10−(−5)**은 **10+5**로 다시 정리된다. 결국 두 수를 제 3의 수에 결합시키는 뺄셈 연산은 그것에 부과된 다른 업무 외에도 음의 부호를 양의 부호로 바꾸는 부업까지 처리하느라 바쁜 셈이다.

물론 10−(−5)가 10+5와 같은 것은 두말할 나위도 없다.

뺄셈 기호는 부정 기호로도 쓰이느라 이중으로 바쁘다. 뺄셈 기호는 눈코 뜰 새 없이 바쁘다.

전통적인 기호 체계는 언제나 그래왔듯 어설프게 남아 있다.

| 깨진 대칭성 |

10에다 6을 더하는 과정에서 하나씩 위쪽으로 올라가다 보면 10, 11, 12, 13, 14, 15를 차례로 거쳐 16에 이른다.

'6 더하기 10은 16이다.'

16이 주어졌다면 6을 떼어내는 데도 뺄셈이 동원된다. 이번에는 아래쪽으로 내려가 16, 15, 14, 13, 12, 11을 거쳐 10에 이른다.

'16 빼기 6은 10이다.'

이처럼 평범해 보이는 산술은, '6 더하기 10은 16이다.', '16 빼기 6은 10이다.'에서 보여주듯 일상적 언어에서조차 앞으로도 뒤로도 가는 대칭의 형태를 나타낸다. 이는 더하기를 빼기로 대체하고 수량 명사의 위치를 바꾸기만 하면 얻을 수 있는 변화다.

이 모든 것에서 뺄셈은 정의되지 않은 채 이제껏 직관적인 연산으로만 남아 있었다. 두 수의 차도 결국엔 하나의 수다. 덧셈과 마찬가지로 뺄셈은 두 수를 제 3의 수로 가져가는 연산이다. 16과 6의 차는 10이다. 임의의 두 수 x, y에 대해 이들의 차 $x-y$는 $z+y=x$를 만족하는 수 z가 된다. 정의로부터 특별한 예를 들 수 있다. 가령 x가 16이고 y는 6이라고 하자. z로 나타난 이들의 차는 10이고, 10 더하기 6은 16이다.

여기서는 덧셈만이 작용했다. 기초수학에서 독립적 연산자인 뺄셈의 중요한 세부요소는 전혀 다른 씨앗 속에 암호화되어 있다.

결국 16 '빼기' 6이 10이라는 것은 6 '더하기' 10이 16이라는 걸 '의미한다.' 이런 의미가 아니라면, 아무 의미도 없다. 덧셈만을 남겨둔 채 기초수학에서 뺄셈을 제거할 수도 있다는 발견보다 덧셈과 뺄셈 사이의 대칭성을 더 잘 드러낼 수 있는 것이 과연 있을까?

| 정수 체계 |

음수는 −1에서 시작하며, 양수와 마찬가지로 끝없이 이어진다.
에드문트 란다우는 음수를 이렇게 소개했다. "우리는 양수만큼이나 0과 구별되는 수를 '창조했다'……."
우리가 창조했다고? 아, 이런.
란다우가 언급한 창조는 권위적인 만큼이나 불가피한 것이다. 음수가 없다면 뺄셈은 존재할 수 없고, 뺄셈이 없다면 대칭성 역시 존재하지 않는다.
뺄셈에 덧셈과 같은 동등한 지위를 부여하는 것이 음수다. 음수는 덧셈을 회복시킨다. 그것이 지시하는 연산은 오르고 내려가는 것을 타당하게 한다. 모든 x, y에 대하여 연산 $x-y$은 $y+z=x$를 만족하는 유일무이한 수 z를 나타낸다. 과거엔 6 빼기 16이 아무것도 만들어내지 못했다면 지금은 뭔가를 만들어낸다. 16에 더하면 6이 되는 수를 만드는 것이다. 그 수는 −10이다. 다른 어떤 수도 그렇게 하지는 못한다. 16 더하기 −10이 6이므로 6 빼기 16은 −10이다.
결국 올려 세는 것과 내려 세는 것은 하나로 합쳐진다.
이로써 덧셈이 한 일을 되돌리는 어떤 방식을 기초수학에서 찾아내려는 필요는 채워진 셈이다.
자연수, 음의 정수, 0은 공동으로 정수 체계를 이룬다. 이들 수는 조화를 이루며 수의 본질로부터 행동 원칙을 적절히 이끌어내기 때문에 일종의 '체계'라고 할 수 있다.
이제 마지막으로 평가해야 할 것은 기초수학이 음수에 정체성을 부여하는 방식이다.

| 음수의 정체성 |

우선 음수는 어떻게 만들어질까?

음수 −1, −2, −3, … 은 0에서 자연수 1, 2, 3, …을 뺄 때 생긴다. 음수 −x는 0에서 x를 뺀 결과에 불과하다. 모든 자연수 1, 2, 3, …에 대해 0−x는 그에 대응하는 음수를 만들어낸다. 0−1은 −1이고, 0−2는 −2가 된다. 각 조항은 각각의 자연수에 대해 음수를 만들어내는 역할을 한다. 0−1로 나타낸 식은 0에서 1을 뺄 때 방정식 $x+z=y$의 결과로 나타난다. 따라서 1+z=0으로 주어진 방정식에서 이를 참이 되게 하는 어떤 수 z가 존재한다. 1에다 어떤 양수를 더하든 0보다 커지므로 그 수는 양수일 수 없다. 남은 것은 양수가 아닌 다른 수이어야 하고 관례상 이는 음수로 불린다.

음수의 순서는 어떠할까? 이것이 두 번째 의문이다.

양수 1, 2, 3, …은 그 크기에 따라 순서대로 배열된다. 하나의 수는 바로 위의 수보다 작고 바로 아래 수보다 크다.

정수(양의 정수와 음의 정수)의 순서가 갖는 기본적인 성질은 전적으로 양의 정수의 순서가 갖는 성질에서 유도된다. 두 수의 차가 양수라면 둘 중 하나는 나머지 하나보다 작다. 8 빼기 5는 3이고 3은 양수이므로 5는 8보다 작다. 보다 일반적으로, 모든 수 x, y에 대하여 x가 y보다 작다는 것은 $x+z=y$를 만족하는 어떤 수 z가 존재한다는 뜻이다.

그러나 방정식 $x+z=y$에 보편적 범위를 설정했다고 가정하면 모든 정수에 순서를 부과하기 위해 다만 필요한 건 이미 양의 정수에 '대해서만' 부과된 순서다. 이는 지렛대처럼 놀라운 힘을 보여준다.

그 결과 음의 정수도 순서가 정해진다. 음의 정수는 아래로 내려갈수록 점점 작아진다.

−1은 0보다 작다.

이런 주장에도 정당화 과정이 필요한가? 한 번 살펴보자. −1은 0과 같지 않을 뿐더러 어떠한 양의 정수와도 같지 않다. 그랬다면 그것은 −1이 되지 않았을 것이다. 그럼 그것은 0보다 작아야만 한다.

관련된 정의로부터 곧바로 다음과 같은 결론을 얻는다.

첫째, −1은 '음수의 정의에 따라' 0−1과 같은 수다.

둘째, 0−1은 '뺄셈의 정의에 따라' $1+z=0$을 만족하는 어떤 수 z와 같다.

셋째, 그런데 $1+z=0$이면 '순서의 정의에 따라' $-1(z)$은 0보다 작다.

이들 선언 가운데 첫 번째는 음수를 0에서 어떤 수를 뺄 때 남게 되는 나머지로 간주한다. 두 번째는 그 나머지를 어떤 방정식을 만족하는 데 정확히 필요한 수로 간주한다. 마지막으로 세 번째는 첫 번째와 두 번째 선언으로부터 음수에 부과된 순서의 조건을 이끌어낸다.

'뭔가를 뺀 다음, 그 값이 얼마인지 확인하고 그것이 방정식을 어떻게 만족하는지 살펴보라.'

다음으로 음수가 덧셈과 곱셈 연산에 따라 어떻게 작용하는가 하는 문제가 남아 있다. −5 더하기 −5가 −10인 반면 −5 곱하기 −5는 25가 된다는 걸 소심하고 이해력이 떨어지는 학생에게 납득시키는 데 빚, 거리, 심지어 이혼이나 죽음처럼 거의 웃기는 수준의 사례가 동원되는 것은 이런 문제와 관련해서다.

당혹스러움을 느끼는 것은 비단 학생들만이 아니다. 19세기 초 사디 카르노는 이렇게 물었다. '−3이 2보다 작은데 −3 곱하기 −3이 2를 제곱한 것보다 큰 것은 어찌된 일인가?'

세상에 어떤 빛이 그런 식으로 다뤄지는가?

덧셈과 곱셈에 의한 음수의 작용은 수학의 첫 번째 원칙에서 이끌어 낸다. 사실 그것은 빚을 내고, 일정한 거리를 움직이고, 이혼 소송을 끝내고, 죽음이 모든 것을 지배하는 현실세계와는 아무런 관련이 없다.

기초수학에 대한 상술에서 처음으로 모든 것이 기초수학의 내재적 문제로 귀결됐다.

음수를 기초수학에 포함시킨 것은 미적분의 창안만큼이나 사고의 역사에 일대 전환기를 마련했다.

수학적 아이디어를 이끌어내고 경험을 쌓아 나아가는 데는 그에 앞서 오랜 시행착오를 겪어야 했다.

18세기 말경부터 현재에 이르는 동안 이런 수학적 아이디어는 거기에서 벗어난 그 무엇도 인정하지 않으려는 냉랭한 분위기 속에서 받아들여졌다.

CHAPTER 20

현대 대수학

어떤 수학자는 그것을 갖고 있다. 바로 설렘이다. 그들에게는 다가오는 걸 감지하는 능력이 있다.

| 설렘 |

1849년 아우구스투스 드 모르간은 『삼각법과 이중 대수』란 제목이 붙은 논문에서 "대수는 기호와 그것의 결합 법칙이 이루는 과학이다."라는 주장을 펼쳤다. 참신하면서도 도발적인 말이다. 기호의 '과학'이라? 물론 기호의 '문법'이란 말일 것이다. 하지만 기호는 인간이 만든 것이기에 임의적이다. 그런 기호가 어떻게 과학의 주제가 될 수 있단 말인가? 드 모르간은, 대수에서 이용되는 기호는 아무런 의미를 갖지 않는다는 점에서 특이하다고 썼다. "산술이나 대수의 단어와 기호에서 의미라곤

눈곱만큼도 찾아볼 수 없다."이는 일상적 언어에도 똑같이 적용된다. 드 모르간은 "기호의 의미를 포기하는 과정에서 우리는 그것을 기술하는 단어의 의미까지도 포기하게 된다."고 했다. 결국 덧셈은 "의미 없는 소리"에 불과하다.

드 모르간에게는 설렘이 있었다. 서툴게 표현되기는 했지만, 그의 생각은 세상에 알려져 반세기가 지나 되살아났다. 20세기 초 다비트 힐베르트는 풍요로움 가운데 있는 수학을 몇 개의 기호로 줄여 표현하려 했다. 힐베르트에게는 집합론의 역설에 당혹스러웠던 경험이 있었다. 세상에 고생을 사서 하는 사람은 없는 법이다. 소위 힐베르트 프로그램을 구상할 때 힐베르트의 목표는 예방 차원에 있었다. 수학자는 마치 자신이 집합, 군(群), 수에 접근할 수 있는 것처럼 생각하거나 쓰겠지만, 그들이 보거나 이해한 것은 기호에 불과하다. 기호는 실재적이다. 기호는 확실히 눈에 보인다. 기호는 통제할 수 있다. 기호가 언급한 세계에 대한 통제권을 얻으려면 먼저 기호를 통제해야 한다. 힐베르트의 주장대로, 이는 수학자가 문법(기호가 어떻게 결합하고 어떤 규칙을 따르는지 하는 문제)을 위해 기호의 의미를 냉정히 거절함으로써 훌륭하게 일궈낸 성과다.

| 대수 |

설렘은 드 모르간을 다른 방식으로 움직였다. 드 모르간은, "+와 −가 상과 벌 혹은 이런 저런 것을 의미하며 선과 악을 상징할 수 있다고 누군가 주장한다면 독자들은 그를 믿을 수도 있고 반박할 수도 있겠지만, 이번 장[다시 말해, 책]을 벗어날 수는 없다."고 썼다. 최초의 설렘은 드 모르간이 "산술의 단어나 기호에 의미가 없다."는 결론을 내리도록 만들었다. 하지만 다음번에 찾아온 설렘은 그를 반대쪽으로 움직였다. 대수의 단어와 기호는 결코 무의미하지 않으며 얼마든지 해석이 가능하다. 단어와 기호는 뜻이 다층적이다.

드 모르간은 자신이 들은 것에 귀를 기울였을까? 조금은 귀를 기울였을 것이다. 설렘은 설렘이 할 일을 했으며, 그의 호기심을 자극했다.

그것이야말로 다른 수학자들이 하려던 일이었다.

| 오래된 대수 |

대수는 오랜 역사를 자랑한다. 바빌로니아 시대의 설형문자로 된 책은 4천년이 지난 뒤에도 크게 변하지 않은 방식으로 실생활 문제를 논한다.

"나는 돌멩이 하나를 발견했지만 무게를 재지는 않았다. 대신 그 무게의 여섯 배를 달아보고 나서 기중기 두 대를 추가하고 $\frac{1}{7}$의 $\frac{1}{3}$에 24를 곱한 것을 더했다."

그런 다음 필경사는 묻는다. "돌의 원래 무게는 얼마였을까?"

수메르인 혹은 중국인에서 시작돼 바빌로니아인, 그리스인, 로마인, 인도인, 아라비아인, 이탈리아인으로 이어지는 필경사의 계보를 생각하는 일은 감동적이다. 다양한 문화를 이루는 이들 모두는 미지의 것을 탐구했다.

하지만 이들이 남긴 어느 것도 현대 대수학[28]은 아니다. 설령 오늘날까지 남아 있다고 해도 그것은 분명 현대 대수학과는 거리가 멀다. 새로

---

[28] 추상 대수학(Abstract Algebra)이라고도 하며, 군, 환, 체 같은 대수적 구조를 파악하는데 관심을 둔 새로운 경향의 대수학을 일컬음(옮긴이).

운 것이 지녀야 할 첫 번째 임무를 수행하지 않았기 때문이다.

| 새로운 대수 |

『대수』의 머리말에서 버코프와 맥 레인은 현대 대수학과 관련해 무엇이 새로운지를 정확히 짚어내고자 했다. 그들은 우선 상상을 뛰어 넘는 보편성을 들었다.

"'수'가 아닌, '어떤' 종류의 요소에 의한 조작 …… +와 −가 상과 벌 혹은 이런 저런 것을 의미하며 선과 악을 상징할 수 있다고 누군가 주장한다면……."

다음으로, 현대 대수학의 구조가 쌓아올린 흥미로운 방식은 그에 대한 기술(記述)에 의해 존재감을 얻는다.

"…… 기호와 이들 기호의 셜합 법칙이 이루는 과학……."

이처럼 새로운 사고방식은 기초수학에 현대 대수학을 적용함으로써 훌륭하게 구현된다.

정수 체계는 자연수, 음의 정수, 0으로 이루어져 있다. 여기서는 덧셈, 뺄셈, 곱셈이 정의된다. 이들 연산은 유용한 작업을 할 준비가 돼 있다. 나눗셈(아직까지는 빠져 있다)이 없다면 정수 체계는 현대적 편리를 모두 갖추게 될 것이다. 나눗셈이 빠진 정수 체계가 자연스런 지적 목표에 이바지하는 것은 흥미로우면서도 시사하는 바가 많다.

정수 체계에는 우아한 것이 그리 많지 않다. 이는 강력한 조직 없이 오랜 세월 축적돼온 공리, 정의, 증명, 법칙이 주는 전반적인 느낌 때문이다. 다시 한 번 되돌아보자. 자연수는 신에게서 선물 받은 것이다. 0은 어느 누구도 하지 않는 일을 한다. 음의 정수는 정직한 직관을 온통 혼란에 빠뜨리는 일에 종사한다. 증명은 귀납법을 따르고, 귀납법은 믿음을 따른다. 덧셈과 곱셈은 정의에 따라 결정된다. 이들 연산은 한밤중에 절도 현장에서 생사고락을 함께 하는 도둑들만큼이나 두터운 의리를 자랑한다.

어쩌면 그보다 사이가 더 좋을지도 모르겠다.

회의론자가 '여길 보라, 뭔가 석연치 않다.'거나 '제발 그런 일이 없기를 바라지만 뭔가 단단히 잘못됐다.'고 트집 잡을 만한 빌미를 찾지 못한다면, 이는 기초수학이 상인에 의해 이용되더라도 매단계마다 수학자에 의해 정화되는 과정을 거쳤기 때문이다. 기초수학에는 오랜 세월에 걸쳐 성숙해온 학문에 기대할 수 있는 특징이 고스란히 드러나 있다. 이는 높은 수준에 이른 수학 문화의 요구에 따른 것이다.

우리는 기초수학이 세상에 존재하는 방식, 즉 그 구조에서 완전무결하다는 것을 지금 이 순간 현존하는 기억 속에서만 알 수 있다. 결국 기초수학은 상업 활동에서 가능한 만일의 상황은 물론, 어떠한 우발적 사건도 반영하지 않는다.

| 상승의 수단 |

현대 대수학은 군(group), 반군(semi-group), 모노이드(monoid), 환(ring), 이데알(ideal), 벡터 공간(vector space), 반격자(semi-lattice), 카테고리(category), 체(field) 같은 구조를 연구한다. 이들 목록은 길지만 '유한'하다.

고대의 위대한 수학자들은 놀라운 지적 능력을 타고났지만, 그에 필적했던 인도의 수학자들과 마찬가지로 추상 대수에 대해서는 생각지 못했다. 그들은 자신들이 깨닫지 못한 것을 알아내기 위해 통찰력과 영감으로 불리는 불확실한 연금술을 필요로 했지만, 목표에는 이르지 못했다. 그들에게는 발판으로 삼아 올라갈 수단이 없었다.

유클리드가 붓을 놓고 나서 2천년이 흐른 뒤에 군은 인간이 의식적으로 연구한 최초의 대수적 구조가 됐다. 군 이론은 에바리스트 갈루아가 목숨을 잃은 결투가 있기 전날 밤에 이뤄놓은 연구에서 발전했다. 환 개념이 수학자의 의식 속에 들어와 어휘사전의 일부를 이루는 데는 그로부터 다시 백 년이란 세월이 필요했다.

현대 대수학이 보여주는 풍경은 지형학적으로 특이하다. 그것은 섬들이 서로 고립돼 있지만 안정적인 정체성을 갖는 다도해(多島海)를 연상시킨다. 러시아 수학자 I. R. 샤파레비치는 훌륭한 소책자 『대수의 기본 개념』에서 이 점을 다루면서 그 같은 이미지를 선보였다. 그의 음성은 확신에 차 있으면서도 차분하고 다정하다. "수학은 무얼 연구하는가?"라고 그는 묻는다. 샤파레비치는 대수 연구에 오랜 시간을 보냈다. 여느 전문가와 마찬가지로 그 역시 다른 곳에 낭비할 시간이 없었다.

'수학'이 무얼 연구하느냐고? 아니다. 실은 '대수'는 무얼 연구하는가, 라고 묻는 게 나을 것이다. 샤파레비치는 이런 글을 남겼다. "'구조' 혹은 '관계가 명시된 집합'을 충족시키기란 좀처럼 쉽지 않다. 수많은 구조 혹은 관계가 명시된 집합 중에서 지극히 작고 개별적인 부분집합만이 수학자의 실질적인 관심을 받는다. 물음의 핵심은, 특징 없는 무리들 가운데 이처럼 점으로 나타난 극미한 부분의 특별한 가치를 이해하는 것이다."

샤바레비치는 위의 구절에서 비밀을 전하지 않는다. 오히려 그는 비밀(널리 알려진 비밀)을 숨기고 있다. 대수적 다도해(多島海)는 다른 다도해와 아주 흡사하다. 생물학은 생명체를 연구하는 학문이다. 하지만 단백질이든 보다 근본적인 원자든 생명체를 이루는 구성 성분이 뒤섞이고 결합하는 무수히 많은 방식을 생각한다면, 그들 중에 "극미한 부분"만이 최소의 관심을 받는다. 이는 그들 중에 극미한 부분만이 '살아 있기' 때문이다. 현대 대수학과 마찬가지로 생물학에서도 "지극히 작고 개별적인 부분집합만이 실질적인 관심을 받는다. …… 따라서 문제의 핵심은 특징 없는 무리들 가운데 이처럼 점으로 나타난 극미한 부분의 특별한 가치를 이해하는 것이다."

생물학이든 현대 대수학이든 그처럼 안정된 개념이 필요한 이유는 뭘까? 이런 물음은 가능하지만 답을 얻을 수는 없다. 호르헤 루이스 보르헤스[29]는 언젠가 이런 글을 남겼다. "동물은 (a) 황제가 소유한 것, (b) 방부처리를 한 것, (c) 훈련을 받은 것, (d) 아직 젖을 떼지 못한 새끼 돼지, (e) 인어, (f) 우화에 나오는 것, (g) 들개 (h) 이런 분류에 포함된 것, (i) 미친 듯이 떠는 것 (j) 헤아릴 수 없이 많은 것 (k) 아주 미세한 낙타털로 만든 붓을 이용해 그린 것, (l) 그 밖의 것, (m) 방금 전에 꽃병을 깨뜨린 것 (n) 멀리서 보면 파리를 닮은 것으로 나뉜다."

물론 동물을 이런 식으로 나누지는 않지만, '가능은 하다.' 이와 아주 흡사한 방식이 대수적 다도해에도 적용된다. 물론 그렇지 않을 수도 있다.

| 데어 뇌터 |

에미 뇌터가 아름답다는 말은 들어본 적이 없다. 암갈색과 옅은 다갈

---

[29] 환상적 사실주의를 토대로 한 단편들로 포스트모더니즘 문학에 큰 영향을 끼친 아르헨티나의 소설가, 시인, 평론가(옮긴이).

색으로 빛바랜 젊은 시절의 사진은 갈색 머리를 넓은 이마 뒤로 빗어 넘기고 애벌레 두 마리를 연상시키는 아치 모양의 짙은 눈썹에다 콧마루에서 일자로 뻗어나갔지만 끝은 둥글납작한 주먹코와 새침하고 뾰로통하게 보일 만큼 꼭 다문 입이 인상적인 길쭉한 얼굴을 보여준다. 사진 속의 그녀는 큰 나비넥타이를 목에 매고 긴 소매의 블라우스와 허리춤이 높은 페전트스커트를 입고 있다. 이처럼 주목할 만한 여성의 삶을 그린 전기가 다 그렇듯, 거기 나타난 구체적인 내용은 이중적 의미로 해석된다. 부주의하게 옷에다 음식을 흘리고 옷을 변변찮게 차려 입었다면 이는 그녀가 자신의 삶이나 다름없는 열정적인 수학 토론에 몰두했기 때문이었을 것이다.

에미 뇌터는 1882년 독일의 에를랑겐에서 태어나 1935년 세상을 떠났다. 갑작스런 수술을 받는 상황에서 안타까운 실수가 있었다고 전해진다. 그녀는 수학의 역사에서 가장 중요한 여성으로 널리 인정받는다. 에미 뇌터는 특히 알베르트 아인슈타인에게서 최고의 찬사를 받았다. 그녀의 친구인 러시아 위상수학자 파벨 알렉산드로프는 그녀를 '데어(Der) 뇌터'라고 불렀다. 여성을 남성으로 부르는 것 자체가 이미 더할 나위 없는 찬사로 여겨진다.[30]

남다른 천재성을 타고난 에미 뇌터는 19세기에 시작된 수학자들의 설렘을 20세기에 완성했다. 1907년 에를랑겐 대학에서 수학으로 학위를 받은 그녀는 '불변식의 왕'으로 불린 파울 고르단의 지도를 받았다. 고르단은 당시 무척이나 중요하다고 여겨진 수학 분야에 몰두하고 있었다.

---

30) 독일어에서는 성(性)마다 정관사를 달리 한다. 남성은 데어(der), 여성은 디(die), 중성은 다스(das)를 붙인다.

거기에서는 아주 어려운 계산을 통해 동일한 것을 얼마든지 다른 방식으로 헤아릴 수 있었다. 다비트 힐베르트가 이룬 첫 번째 위대한 공헌은 불변식 이론에 있었다. 힐베르트의 공헌이 위대한 것은 그가 기초 정리를 증명함에 있어 그것과 관련된 정리를 쓰지 않았기 때문이다. 뇌터의 천재성을 알아본 사람도 결국은 힐베르트였다. 이들이 펠릭스 클라인과 함께 연구하는 동안 힐베르트는 그녀를 괴팅겐으로 보낼 계획을 세웠다.

당시 유럽 최고의 수학 중심지로 각광을 받았던 괴팅겐에는 거장이라고 불릴 만큼 영향력 있는 수학자들이 살고 있었으며, 이들은 산책을 하는 도중에도 시끄럽게 논쟁을 벌였다. 하필이면 여성이 천재적 재능에 힘입어 수학 교수 자리를 얻었다는 걸 알게 된 철학과 교수들은 목청 높여 반대를 부르짖었다. 이들의 심각한 반대 여론에 밀려 뇌터는 힐베르트의 이름으로 강의를 할 수밖에 없었다. 뇌터에게는 주목할 만한 새로운 아이디어가 넘쳐흘렀으므로 이러한 속임수는 분명 힐베르트를 기쁘게 했을 것이다. 또 어디까지가 그녀의 생각이고 어디까지가 그의 생각인지를 정확히 구분하기 어렵다면 그리 나쁠 것도 없었다.

아주 흥미로운 사실은, 에미 뇌터가 순수한 수학자였지만 수학과 마찬가지로 물리학에도 지대한 영향을 끼쳤다는 점이다. 1920년 그녀는 불세출의 정리를 만들어냈다. 자신의 이름을 딴 여섯 가지 정리 가운데 하나인 그 정리에서 그녀는 수리 물리학의 위대한 보존법칙(질량, 에너지, 각 운동량)이 근원적인 수학체계의 대칭성과 연관이 있다는 주장을 펼쳤다.

바다 속에서 물결을 일으키는 큰 물고기를 상상해보자. 거기에는 두 가지 움직임이 있다. 앞으로 갔다가 좌우로 흔들리는 움직임이다. 뇌터는, 물고기가 만든 파동이 서로 상쇄된다면 왼쪽으로의 움직임은 오른쪽으로의 움직임에 의해 정확히 균형을 이루며 어떤 물리적 성질이 보존된다고 주장했다(이 경우엔 에너지가 보존되지만, 다른 경우엔 질량이 보존될 수도 있다). 어떤 전율 같은 것이 당시 물리학자들의 등줄기를 타고 내렸다. 그리고 이런 전율은 지금도 계속되고 있다. 대칭성은 어떤 것이 변하지 않는다는 개념이다. 물고기가 물결을 일으켜도 그것이 만든 파동은 서로 상쇄된다. 보존은 이와 달리 변화 속에서도 물리적 성질이 보존된다는 개념이다. 뇌터의 정리에서는 이들 두 개념이 하나가 된다.

수리물리학에서 명성을 떨친 뇌터는 수학에서 이보다 더 큰 성공을 거두었다. 1921년 그녀는 "환에서의 이데알론"이라는 제목의 논문을 발표했다. 19세기에 걸쳐 간헐적으로 나타난 설렘을 결론으로 이끈 장본인은 다름 아닌 이 논문이었다. 19세기 위대한 수학자들은 군의 본질을 알아냈고, 데데킨트는 환의 본질일 수도 있는 것을 찾아냈다. 여유 있고 사신만만한 태도로 에미 뇌터는 환을 오늘날의 위치까지 끌어 올렸다. 오랫동안 숨겨져 왔고 과거에 모습을 드러낼 때도 한 번도 명확히 드러난 적이 없는 환은 정수를 아우르는 추상적인 연구 대상이다.

뇌터의 연구 결과는 발표되자마자 교과서에 실렸다. 네덜란드의 젊은 수학자 바르텔 렌데르트 반더베르덴은 뇌터의 강의에 많은 영향을 받은 것은 물론, 가죽 재킷, 북극의 빙하를 연상시키는 푸른 눈, 냉담한 응시가 트레이드마크인 오스트리아의 수학자 에밀 아르틴의 강의에도 영향을 받았다. 그는 하늘에서 내린 총기를 붙잡아 『현대 대수학』이라 이름 붙인 훌륭한 교과서에 담아냈다.

1933년 나치가 권력을 장악하자 대학에서 에미 뇌터의 지위는 그녀의 목숨만큼이나 위태로워졌다. 유대인 집안에서 태어난 그녀의 천재성은 나치에 의해 자행된 뿌리 깊은 인종 모독의 발화점이 됐다.

에미 뇌터는 애처로우면서도 비극적인 탈출을 필사적으로 시도한 사람들 틈에 끼어 독일을 빠져나올 수 있었다.

한편 브린 모어 대학에 교수 자리를 얻은 그녀는 그곳에서 만난 젊은 여성들이 유럽 지식인의 방탕하고 자유분방한 삶에 길들어 있다는 생각을 했을 수도 있다. 잘은 모르지만, 당시 여학생들은 저마다 가슴에 새들 슈즈와 책을 불안스럽게 끌어안고 있었다.

뇌터는 이따금 프린스턴 대학교 고등연구소를 찾아가 옛 친구들을 만나고 강의도 했지만, 독일에서 자신이 유대인으로서 달갑지 않은 존재였듯 프린스턴에서도 여성으로서 환영받지 못한다는 사실을 뼈저리게 경험했다.

에미 뇌터가 살아있을 때와 마찬가지로 세상의 주목을 받거나 사람들의 기억 속에 남지 못한 채 세상을 떠난 것은 특히나 불행스런 일이다.

CHAPTER 21

환의 공리

군도 기초수학에서 한 몫을 하지만, 관심을 불러 모으고 헌신적인 열의를 이끌어내는 것은 역시 환이다.

기초수학의 핵심, 환

거기에는 그럴 만한 이유가 충분히 있다. 기초수학에서 환은 사례가 모이고 원리가 분명해지는 곳이다. 환으로의 접근은 정의에 제시된 항목에 의해 통제된다. 여기에는 세 가지의 추상적 개념이 작용한다. 일종의 고통스런 오르막길인 셈이다.

첫째, 공리로 이루어진 임의의 집합이 강요하는 것을 수학자(그리고 독자)가 기꺼이 받아들이도록 요구한다. 공리가 우세해지면 체계 내부의 정리도 그에 따라 줄어들게 마련이다. 둘째, 공리를 받아들이게 만드는 주제 너머의 것을 기꺼이 살펴보도록 수학자(그리고 여러분을 포함한 독자)에게 우선적으로 요구한다. 정수는 환이다. 이는 한 치의 오차도 없는 분명한 사실이다. 그러나 정수가 아닌 환도 존재하며, 그것은 훨씬 오르기 힘든 높은 봉우리들로 이루어진 또 다른 산맥이다. 마지막으로, 공리계는 오로지 공리에 '의해' 창조된 어떤 것을 공리 '속에서' 보도록 요구한다.

　이런 식의 세 가지 추상적 개념은 엄밀히 따져볼 때 결코 수학적이라고 할 수 없다. 오히려 우리는 법을 통해 이런 개념을 접하게 된다. 윌스턴은 권위 있는 저서로 꼽히는 『계약』에서 "계약은 약속 혹은 약속들의 집합이다. 계약의 불이행에 대해 법은 해결책을 내놓고, 계약의 이행에 대해서는 어떻게든 의무로 인정한다."고 강조했다. 바로 이것이 이 책의 기본 골자라 할 수 있다. 또한 이는 첫 번째 추상적 개념에 해당한다.

　두 번째 추상적 개념은 판사(간혹은 배심원)가 어떤 쌍방 합의에서 그것을 계약으로 만드는 약속의 성질을 찾아낼 때 발생한다. 물론 그렇지 않을 수도 있다.

　래플즈 대 비첼하우스(Raffles v. Wichelhaus) 소송 판례에서 봄베이의 상인은 런던의 바이어에게 합의된 양의 면화를 파는 데 동의했다. 목화는 피어리스라는 배를 통해 선적이 이루어지도록 예정돼 있었다. 그런데 그 누가 알았으랴? 공교롭게도 피어리스란 이름의 배가 두 척이었던 것이다. 그 중 한 척은 10월에 출항하기로 돼 있었고, 나머지 한 척은 12월에 출항 일정이 잡혀 있었다. 런던의 바이어는 10월에 출항한 피어리스호를 통해 선적이 이루어지는 걸로 알고 있었다. 반면 봄베이의 상인은 12월에 출항한 피어리스호를 통해 선적이 이루어지는 걸로 알고 있었다.

피어리스호(하지만 어느 피어리스호란 말인가?)가 봄베이를 출항하고 6주가 지난 뒤에도 런던에 물건이 도착하지 않자 바이어는 자신이 서명한 계약의 신성한 의무에 호소하는 소송을 제기했다. 물론 봄베이의 상인 역시 똑같은 계약의 의무에 호소했으며, 면화 대금을 이미 받았다는 점에서 자신은 충분히 만족한다고 진술했다.

시시비비를 가리던 법정은 양측이 모두 잘못했다는 판결을 내렸다. 이른바 쌍방 과실이 인정된 것이다. 멜리쉬 판사는, "피어리스라 불리는 두 척의 선박이 봄베이에서 출항하려던 바로 그 시기에 뭔가 모호함이 있었던 듯하다. 피고 측이 예정한 피어리스호와 원고 측이 예정한 피어리스호를 밝히기 위한 구두 증언도 가능하다. 사정이 이렇다보니 '항목에 따른 합의', 따라서 법적 구속력이 있는 계약은 존재하지 않았다."는 판결을 내렸다.

성날이지 누가 알았겠는가?

피어리스호를 두고 논쟁을 벌인 바이어와 상인은 바로 이 점을 다루고 있었다. 합의에는 이르렀다. 하지만 계약은? 법정의 판결대로 계약은 이루어지지 '않았다.'

끝으로 추상적 개념에 이르는 최후의 오르막길이 있다. 그것은 계약의 법칙이 뭐라고 하든 계약의 본질을 보려고 하는 것이다. 그러기는 쉽지 않다. 18~19세기 법학자들은 간혹 계약이 "마음의 교감"인 것처럼 표현했다. 서면 계약은 다만 그러한 교감을 반영한 것에 불과하다는 것이다. 19세기의 다른 시기 법학자들은 계약이 다만 모든 계약의 집합에 불과한 게 아닌가 하는 생각을 했다. 이런 식의 전술은 오늘날에는 시대착오적인 것으로 보인다. '계약은 무슨 일이 있어도 계약의 법칙을 만족하며, 그런 법칙을 만족하는 것이라면 무엇이든 계약이다.' 이런 식의 주고받기 말고는 달리 아무것도 없기 때문이다.

| 환 |

반세기 넘게 단계별로 이루어진 환의 정의는 재능 있는 수많은 수학자들이 일궈낸 역작이다. 오랜 세월이 흘렀지만 드 모르간은 여전히 우리를 설레게 한다. 리처드 데데킨트는 환의 개념을 공식적으로 도입했고, 다비트 힐베르트는 환에다 이름을 붙여주었으며, 에미 뇌터는 무엇보다 환 이론에 깊이를 더했다.

환은 원소들의 집합으로 이루어진다.

'… 어떤 종류의 원소 …'

그것은 두 원소 0과 1을 포함한다.

'… 선과 악을 상징할 수도 있는 …'

거기에는 덧셈과 곱셈의 두 가지 연산이 존재한다.

'… 상과 벌을 의미할 수도 있는 …'

환의 성질은 환의 공리에 의해 완벽히 설명된다.

환의 공리는 여섯 개 조항으로 이루어져 있다. 그 중 어느 것도 새롭거나 어려운 개념을 소개하지 않는다. 그러나 자연수, 오랜 역사를 자랑하는 0, 혹은 음의 정수와는 아무런 관계도 남아 있지 않다. '이들 정수는' 언제나 해오던 일을 하고 있지만, 진정한 정수의 무게중심은 이제 곧 환으로 옮겨갈 것이다.

환의 공리

1. $0 \neq 1$

2. $x+y=y+x$ 이고, $x \cdot y = y \cdot x$
3. $(x+y)+z = x+(y+z)$ 이고, $(x \cdot y) \cdot z = x \cdot (y \cdot z)$
4. $x+0=x$ 이고, $x \cdot 1 = x$
5. $x \cdot (y+z) = x \cdot y + x \cdot z$
6. 임의의 두 원소 x, y에 대해 $x+u=y$ 를 만족하는 원소 u가 존재한다.

해석

1) 원소 0과 1은 서로 다르다.
2) 덧셈과 곱셈은 교환법칙이 성립한다. 즉, 이들 연산은 쌍방향 모두 가능하다.
3) 결합법칙도 성립한다.
4) 원소 0과 1은 항등원이다. 원소 x에 관계없이 0 더하기 x는 항상 x이고, 1 곱하기 x 역시 항상 x이다.
5) 덧셈에 대해 곱셈이 분배된다.
6) 뺄셈을 의미하는가? 물론이다.

| 긍정의 축적 |

정수(양의 정수, 음의 정수, 0)가 환의 공리를 만족 '한다면' 정수는 사실상 환과 같게 된다.

그만큼이나 흥미로운 표현은 '공리를 만족하는가?'이다.

이는 수학적으로 볼 때 법에서 "조건을 충족한다."는 표현과 같은 의미를 지닌다. 약속이 법적으로 구속력을 갖게 되는 것은 언제인가? 계약 조건을 만족할 때다. 어느 경우든 결정에 있어 임의성의 요소가 존재한다. 그렇지 않다면 법정에서 판사가 할 일은 거의 없을 테고, 이는 수학자에게도 마찬가지일 것이다.

정수는 환의 공리를 만족하는가?
분명히 그렇다.
0과 1은 서로 다른가? V

수의 덧셈과 곱셈은 교환법칙이 성립하는가? V

결합법칙이 성립하는가? V

분배법칙이 성립하는가? V

0과 1은 항등원인가? V

뺄셈이 제대로 정의되는가? V

수학자들은 모든 조항을 체크한 뒤에 점검이 끝났다고 말한다.
그러나 정수에 대한 점검에는 제한이 따른다.
가령 분배법칙은 점검했지만, 그것이 곧 증명은 아니다. 점검은 다만 동의를 뜻할 뿐이다.
'양의' 정수에 대해 분배법칙을 입증해보일 수 있다는 사실은 중요하지 않다. 지금 우리는 정수에 대한 이야기를 하는 중이다.
"좋습니다." 학생들 중에 누군가 목에 힘을 주어 말했다. 마치 그를 오랫동안 애먹이던 문제를 내가 정확히 짚어내기라도 한 듯…….

| 세부 항목이 일부 빠진 대략적인 개요 |

환의 개념에는 우리가 알고 있는 정수를 보여주는 것이 많다. 그럼에도 환은 그것을 이루는 조항이 정수만을 식별해 완벽한 정렬 직감, 상식, 수학적 확신을 가져왔다는 느낌을 주기엔 충분치 않다. 환에 포함된 의제는 소거법을 완전히 포함하지 않는다. 덧셈에 대한 소거법은 훌륭하다. 그것은 '모든' 환에서 정당한 법칙이다. 그 점에 대해서는 삼분법도 마찬가지다. 하지만 환에서 곱셈에 대한 소거법은 옳지 않거나 양의 정수에 대해서만 옳다. 옳지 않다고 해도 소거법은 어쨌든 필요하다. 중·고등학교 수학 시간에. 풀 먹인 린넨 칼라를 세워 올린 구식 회색 정장 차림의 데이비스 신생님이 칠판에 문제를 옮겨 적는다. 깔끔한 글씨체로 판서하던 그녀는 마치 엘리너 루스벨트[31]의 혼이 쓴 것처럼 자신의 생각을 말한다. 다른 교사들은 분필을 휘갈겨 쓰지만 데이비스 선생님은 한 자 한 자 또박또박 써나간다.

칠판에는 깔끔한 기호로 나타낸 간단한 이차방정식 $x^2-x-6=0$이 적혀 있다. 그러나 눈으로 보는 것만으로 쉽게 해결할 수 있는 문제는 아니다. 어떤 적절한 기술이 필요하다. 그 기술에서 유일하게 전문적인 것은 x^2-x-6을 인수들의 곱인 $(x+2)(x-3)$로 나타낼 수 있다는 중·고등학교 시절의 기억이다.

$x^2-x-6=0$이므로 $(x+2)(x-3)=0$이 된다.

---

[31] 미국 32대 대통령인 프랭클린 루스벨트의 부인. 사회 운동가와 정치가로 여성 문제와 인권 등 폭넓은 분야에서 활약했다(옮긴이).

방정식의 해는 각기 경우를 나누어 $x+2$가 0이거나 $x-3$이 0이라고 가정함으로써 얻을 수 있다.

$x+2=0$이면 x는 -2가 될 것이다.

또 $x-3=0$이면 x는 3이 될 것이다.

아주 좋다. 더할 나위 없이 완벽하다. 그것은 이것 아니면 저것일 수도 있고, 둘 다일 수도 있다. 하지만 $ab=0$이면 $a=0$이거나 $b=0$이라는 가정은 무엇으로 정당화되는가?

물론 데이비스 선생님이 만들어낸 가정은 아니다.

임의로 소거할 수 없기 때문에 간접 식별법은 도움이 안 될 것이고, 이차방정식이 문제가 될 때마다 분명 그러할 것이다.

0이 불편하게 떠돌아다니는 돌발 상황에 어느 정도 적응한 곱셈에 대한 소거법은 $ca=cb$이면 $a=b$인지를 확인해준다. 이것은 어느 경우든 옳은가? 물론 아니다.

$c \neq 0$일 때만 옳다.

그러고 나면 $ab=0$일 때 a가 0이거나 b가 0인지를 따질 일만 남았다.

a가 0이 아니라고 하자. 그럼 $ab=a0$에서 소거법의 의미대로 a를 약분할 수도 있다. 이 경우 간접 식별이 요구하는 것처럼 b는 반드시 0이어야 한다.

곱셈에 대한 소거법이 적용되는 환은 종종 정수환(integral ring) 또는 정역(integral domain)으로 불린다. 그러나 대수학은 풍부한 명명법을 자랑하며, 관련된 용어에 따라 크게 달라지는 것은 없다. 환을 어떤 식으로 부르든 곱셈에 대한 소거법은 유효하다.

그럼에도 환의 정의는 두 번째 의미에서 불충분하며 아주 무기력하다. 그 결과 정수에 순서를 매길 만큼 편리하면서도 설득력 있는 체계를 갖추지 못한 구조를 드러낸다. 이런 얘기는 놀랍게 들릴 수도 있다. 양의 정수의 순서에 호소해 정수를 '이미' 정렬해 두었기 때문이다. 정렬된 '정수는' 형태를 갖췄지만, 환에 대해 언급한 그 어느 것에서도 순서는 언급되지 않았다.

환 중에서 양의 정수와 조금이라도 같은 것이 존재한다고 했던 사람이 있었던가? 나는 그런 말을 한 적이 없고 물론 여러분도 아닐 것이다. 하지만 정수를 환으로 취급하는 것이 현실적이라면 그렇게 가정해야 한다.

마지막으로 정렬 원리가 존재한다. 정렬원리는 환에 대한 정의의 일부가 아니며, 따라서 환의 본질과는 전혀 다르다. 그래도 쓸모는 있다. 정렬 원리를 포함시키려면 환에 대한 정의를 확대해야 할까?

아마도 그럴 것이다. 그래도 문제될 건 없다.

이로써 환에는 소거법, 양의 정수, 정렬 원리가 추가된다.

무엇이든 환영이다.

CHAPTER 22
부호의 법칙

음의 정수에 관한 그 무엇도 부호의 법칙만큼이나 성가신 것은 없다. −2 더하기 −2가 −4인 반면, −2 곱하기 −2는 +4이다. 결국 4라는 점에서 같은 수가 되지만, 앞자락에 매달린 부호는 서로 다르다.

| 부호 언어 |

부호의 법칙에 관한 설명은 거의 예기치 못한 곳, 요컨대 환의 정의 속에서 이루어진다. 일단 환에 대한 정의가 내려지고 논의가 이루어지면 눈이 휘둥그레질 만큼 놀라운 사실이 드러난다. 설명은 전혀 뜻밖이다. 한 손에는 환을, 다른 한 손에는 부호의 변화를 든 곤혹스런 대비를 수반하고 있기 때문이다. 그렇지 않다면 어떻게 이토록 엄격한 공리가 곱셈을 통해 음수를 양수로 만드는 연금술을 다룰 수 있겠는가?

하지만 이는 사실이다.

증명이 필요한 것은, x, y에 대해 $(-x) \times (-y)$가 $x \times y$와 같다는 점이다. 그 중 $(-1) \times (-1)$이 1인 것은 특수한 사례다.

증명은 논리적으로 자명한 이치를 따른다. A와 B가 같고 A와 C가 같다면 B는 C와 같다. 이는 물리학의 원격 작용[32]과도 같다. 말하자면, B와 C가 각각 A와 같다는 사실로부터 둘 사이의 등식이 이루어진다. 이는 누구나 알고 있는 사실이기에 대수롭지 않게 보이며, 잘못된 주장일 가능성이 없기 때문에 자명한 이치다.[33]

부호의 법칙은 논리적으로 자명한 이치를 따르면서도 인위적인 식을 따른다. 식은 대수적 조작을 통해 전혀 관련 없는 두 가지와 같은 것으로 판명될 만큼 매우 유용한 말의 형태를 띤다. 식은 그것이 어디로 가고 있는지 어째서 거기에 있는지 보여주지 않은 채 독립적으로 존재하므로 '부자연스럽다.' 그럼에도 다음에 나올 증명은 식이 xy와 같고 또다시 $(-x)(-y)$와 같다는 걸 보여준다. 이로써 xy와 $(-x)(-y)$끼리도 같다는 사실이 입증된다.

자, 그럼 이제부터 한 걸음 한 걸음 (끔찍한) 단계를 밟아나가는 증명을 살펴보자.

우선 세 개의 항으로 이루어진 덧셈을 생각해보자.

$$[xy + x(-y)] + (-x)(-y)$$

이 합이 우리에게 친숙한 $(a+b)+c$의 형태임을 주목하라.

---

32) 서로 떨어져 있는 두 물체가 중간 매질을 통하지 않고 순간적으로 힘을 주고받는 현상(옮긴이).
33) 15장의 덧셈에 대한 결합법칙의 증명에서 이처럼 자명한 이치가 적용된다.

결합법칙의 의무를 되새겨보자. 세 항을 더할 때 첫 번째와 두 번째 항을 먼저 더한 다음 세 번째 항을 더할 수도 있고, 두 번째와 세 번째 항을 먼저 더한 다음 첫 번째 항을 더할 수도 있다.

결합법칙을 적용하면, 대괄호가 왼쪽에서 오른쪽으로 옮겨간다.

$$[xy + x(-y)] + (-x)(-y) = xy + [x(-y) + (-x)(-y)]$$

모든 게 제대로 돼가고 있다는 걸 확인하려면 x와 y 대신 특정한 수를 대입해 봐도 좋다.

여기에 분배법칙을 적용하면, 다음과 같은 결과를 얻을 수 있다.

$$xy + [x(-y) + (-x)(-y)] = xy + [x + (-x)](-y)$$

위의 식에서 $(-y)$는 멀리서 $[x+(-x)]$에 곱셈 작용을 한다.

그런데 우리는 곧 다음과 같은 결과를 얻게 될 것이다.

$$x + (-x) = 0$$

그 결과는 이렇다.

$$0(-y) = 0$$

천만 다행히도 0이 나왔다.

$$[x+(-x)](-y)$$

가 0이면 식은 이렇게 정리된다.

$$xy+[x+(-x)](-y) = xy$$

이런 논증의 앞부분과 끝부분을 연결시켜보라.

$$[xy+x(-y)]+(-x)(-y) = xy$$

증명의 절반이 이루어진 걸 만족스럽게 살펴보라.
이 같은 추론은 $[xy+x(-y)]+(-x)(-y)$에서 $(-x)(-y)$로 진행할 때도 아주 훌륭하게 적용된다.
$[xy+x(-y)]$에 분배법칙을 적용하면 다음과 같은 결과를 얻는다.

$$x[y+(-y)]+(-x)(-y)$$

이때 $[y+(-y)]$가 0이 되면서 식은 이렇게 간단히 정리된다.

$$x[y+(-y)]+(-x)(-y) = (-x)(-y)$$

앞에서처럼 논증의 앞부분과 뒷부분을 이어붙여보자.

$$[xy+x(-y)]+(-x)(-y) = (-x)(-y)$$

그 결과 (이제는 신기할 것도 없이) 다음과 같은 결과를 얻는다.

$$xy = (-x)(-y)$$

어렵다고? 아마도 밥맛이 뚝 떨어졌을 것이다. 기호는 왜 그리도 쓸데없이 많은 건지! 그런데도 수학자들은 이를 당연한 것으로 받아들인다. 수학자들의 말을 빌리자면, 이는 '기초적인' 것이다. 하지만 이런 견해와는 달리, 1950년대에 이르러 가렛 버코프와 사운더스 맥 레인이 『현대 대수학 개론』을 출간하고 나서야 환의 정의를 이용한 부호의 법칙을 유도하는 과정이 널리 이해됐다는 사실은 특이할 만하다. 이들의 증명은 틀림없이 그보다 앞선 보편적인 수학 문화의 일환이었을 것이다. 이들은 이를 널리 알림으로써 세상의 관심을 불러일으켰다.

환의 정의를 이용해 부호의 법칙을 유도하는 것은 그야말로 현대적이다. 아주 추상적인 것(이를테면, 환)이 주어진 뒤, 정의의 층층마다 오롯이 숨겨진 결론을 이끌어내고자 일련의 부차적인 항등식이 이용된다. 그렇게 나타난 부차적인 항등식은 거의 분명해 보인다.

하지만 증명은 만족스럽지 않다. 또 이런 증명은 선뜻 동의하기 어렵다. 결국 상당수의 학생들은 세부적인 증명 단계를 밟아나가며 이렇게 말할지도 모르겠다. "그건 알겠어요(한 발짝 물러선 작은 동의). 그것도 알겠어요(또 다시 한 발짝 물러선 작은 동의). 그런데 마이너스 곱하기 마이너스가 어째서 플러스가 되는지는 모르겠어요."

그러면 수학자가 마이너스 곱하기 마이너스를 '마이너스'라고 했다면 거부감이 사라질까?

한번 살펴보자. 마이너스 4 곱하기 마이너스 4가 마이너스 16이라면 마이너스 4 곱하기 '플러스' 4는 얼마일까? 그 값은 분명 마이너스 16은 아니다. 그렇지 않으면 음수와 양수 사이의 차이가 없어져버리기 때문이다. 하지만 그 값이 마이너스 16이라면 마이너스 4 곱하기 마이너스 4와 마이너스 4 곱하기 플러스 4 사이의 차이는 뭘까?

차이는 없는 것으로 보인다.

그렇다면 마이너스 4와 플러스 4는 그 자체로 어떤 차이가 있을까?

둘 사이에 아무런 차이가 없다면 음수의 의미는 무엇인가? 아무런 의미가 없다면 음수에서 손을 떼자.

물론 이는 증명이라기보다는 남들이 보면 코웃음 칠 연습에 불과하며, 우리가 한 가지 면에서 어떤 것을 싫어하면 다른 면에서도 그것을 분명 싫어하게 된다는 걸 전제로 한다.

이 중 어느 것도 사실이 아니라는 증명은 다른 무엇보다 확신의 문제다 마이너스 곱하기 마이너스는 플러스다. 사실 반대의 경우라 해서 이보다 나을 건 없다.

| 덧없는 명성 |

이것에 능한 수학자가 있는가 하면, 저것에 능한 수학자도 있다.

헝가리 수학자 폴 에어디쉬와 게오르그 폴리아는 문제를 푸는 데 아주 능했다. 결국 자신의 능력을 확신한 폴리아는 아무런 준비 없이 수학 분야에서 케임브리지 대학의 우등 졸업시험을 치르는 데 응했다.

그는 아주 훌륭한 성과를 거뒀다.

"별 것 아니에요."

자신들이 몇 달 동안 애써 준비한 문제를 폴리아가 당혹스러울 만큼

쉽사리 해결하자 적잖이 화가 난 사람들에게 그가 겸손하게 말했다.

정말 그에게는 별 것도 아닌 문제였다.

문제 풀이에 빈틈없는 재능을 타고난 사람들이 때론 우세할 때도 있다. 그들을 억누르려는 것은 소용없는 일이다. 한편 이따금 강력한 이론가가 등장해 타고난 권위로 동료들에게 문제 너머를 보도록 요구하기도 한다.

20세기 후반 최고의 수학 이론가는 프랑스의 수학자 알렉산더 그로탕디에크였다. 그는 지극히 보편적인 방식으로 사고했다. 그로탕디에크는, 적절한 수준의 추상적 개념에 이를 수 있다면 갈라지고 울퉁불퉁한 호두처럼 딱딱한 문제에 대한 해법이 농익은 포도처럼 수학자의 입술에 떨어질 거라고 확신했다. 그의 능력은 다른 수학자들을 놀라게 했다. 르네 톰은 자신의 말대로 "그로탕디에크가 압도적으로 우위에 있다."는 생각에 기가 눌렸으나 생물학자들 사이에서 자신이 살아있는 신으로 추앙받으리라는 완전히 잘못된 확신에 사로잡혀 수학에서 수리 생물학[34]으로 돌아섰다.

1980년대 초 그로탕디에크는 수학자의 삶에서 벗어나 피레네 산맥에 있는 양치기 오두막에서 홀로 지냈다.

현실적이고 실리적이면서도 재능 있는 수학자들은 그로탕디에크의 천재성에 경의를 표했으며 그의 생각을 받아들이는 가운데 계속해서 자신들의 길을 걸어갔다.

---

[34] 이론 생물학의 문제 해결에 수학적 모델을 적용하는 과학의 한 분야(옮긴이).

| 다른 측면 |

1920년대 존 폰 노이만은 옥스퍼드 대학에서 강연할 기회가 있었다. 강의 주제는 자신의 전공 분야인 연산자 대수학이었다. 위대한 수학 천재 폰 노이만의 재능은 워낙에 신출귀몰해서 사람들은 그가 누구도 범접하기 힘든 뛰어난 지능의 소유자란 생각을 했다. 이 시절의 폰 노이만은 더할 나위 없이 선구적이었다. 다양하고 새로운 대수적 구조에 통달했던 그는 힘들이지 않고 자연스럽게 추상적 개념으로 올라섰다.

옥스퍼드 대학의 청중들 속에는 영국의 수학자 G. H. 하디가 있었다. 하디 역시 뛰어난 수학자였으나, 선구적인 삶과는 거리가 먼 학자연하는 탐미주의자의 속성을 지니고 있었다. 『어느 수학자의 변명』은 A. E. 하우스먼이 시의 대가였음을 동경하며 독특한 영국식 어조로 기술한 멋진 책이다. 회고록에서 하디는 자신의 젊음이 지나가고 수학적 재능이 쇠락하는 걸 슬퍼했다. 과거에 대한 그리움은 하디의 인생에서 준비된 것이 전혀 없다는 걸 드러내기 때문에 서글프다.

G. H. 하디는 전문적인 수 이론가였다. 이 분야는 가장 난해하지만 새롭다고는 할 수 없다. 하디가 몰두한 문제들은 19세기에 이미 제기된 것들이다. 사실 그러한 문제들의 기원은 그보다 더 오래전으로 거슬러 올라간다. 하디가 고대 그리스로 돌아갔다면 그리스 수학자들에게 자신의 생각을 이해시켰을지도 모를 일이다.

강의가 시작됐다. 폰 노이만은 모국어인 헝가리어로 말했지만, 바스크어를 제외한 유럽의 다른 언어들까지 구사할 수 있었던 것으로 보인다. 물론 거기에는 헝가리어 특유의 심한 악센트가 섞여 있었을 것이다. 젊은 시절에도 잘 지은 고급 맞춤복으로 말쑥하게 차려 입고 다녔던 폰 노이만의 강의를 들은 사람들은 그가 놀라운 능력을 소유한 수학자란 인상을 받았다.

알아듣기 힘든 헝가리어를 지껄이며 칠판을 온갖 기호들로 채우고 자신의 주장이 정당하다는 걸 보이고자 손가락을 허공에 찌르는 풍채 좋은 폰 노이만을 바라보며 하디가 무슨 생각을 했는지는 알 수 없다. 거기에 대해서는 아무런 언급도 하지 않았기 때문이다.

하지만 폰 노이만의 강의에 대해 하디는 이렇게 언급했다. "그 젊은이는 더할 나위 없이 총명했다. 그런데 그가 다룬 주제는 과연 수학인가?"

그것은 정말로 수학이었을까?

CHAPTER 23
다항식의 환

양피지로 만든 린드 파피루스의 발굴은 1858년 룩소르에서 알렉산더 헨리 린드에 의해 불법적으로 이루어졌다. 이후 부정한 손을 차례로 거쳐 대영제국의 부정행위가 극에 달하면서 린드 파피루스는 마침내 대영박물관에 이르렀다.

고대 세계로부터

삶의 다른 수많은 영역과 마찬가지로 아주 오래된 수학 문헌 연구에 들어간 비용은 정확히 얼마인지 알 수 없다. 그림에서 낙서에 이르는, 상형문자와 민용문자의 중간 형태인 신관 문자로 기록된 파피루스는 아메스란 이름의 필경사가 작성했다. 그러나 그가 밝혔듯이 파피루스는 아메넴헤트 3세의 통치 기간 중에 유행한 훨씬 오래된 이야기를 베낀 것이다. 결국 파피루스의 기원은 기원전 18~19세기로까지 거슬러 올라간다. 당시는 멀리 동쪽으로 수메르 제국이 막 무너지던 시기로, 그리스에는 그때까지도 그리스인이 나타나지 않았다. 유럽은 온통 안개가 떠도는 습지에 불과했으며, 숲은 들어갈 수 없을 정도로 빽빽이 우거져 있었다. 다만 이집트인들만이 모든 걸 안다는 듯한 눈으로 세상을 응시하고 있었다.

아메스는 분명 지적인 감독관이었다. 그는 다른 필경사의 부족한 점에 대해 다소 신랄하게 평하고 있다. 어조는 대화체에 가까우며 실질적인 문제를 논한다. "건물 진입로는 120개의 칸막이를 포함해 길이 730 큐빗[35]에 너비 55큐빗으로 축조되고, 갈대와 들보로 채워질 것이다. 15 큐빗씩 두 번에 걸쳐 완만한 경사도를 이룸으로써 꼭대기까지 높이는 60큐빗, 중간까지 높이는 30큐빗이 되게 하고 포장은 5큐빗을 한다. 여기에 필요한 벽돌은 장군들에게 부탁하고……." 물론 나일 강의 따가운 태양 아래에서 장군들은 전쟁을 벌이든지 그게 아니라면 적어도 살인광선과 그 유용성에 대한 생각을 전하고 싶어 안달이 나 있다. 그들의 요구를 떠맡는 것은 필경사들이지만, 결과는 기대에 못 미친다.

"필경사들은 너나할 것 없이 요청을 받지만, 그들 중에 무엇에나 통달한 사람은 단 한 사람도 없다." 아메스는 다소 못마땅하게 지적한다.

그리고는 서른 명의 다른 필경사를 거느린 필경사에게 제의한다.

"그들은 자네만을 믿고 있다네. 그러면서 이렇게 말하지. '나의 친구여, 당신은 훌륭한 필경사입니다! 우리를 위해 얼른 결정을 내려주십시오.'"

---

[35] 고대 이집트, 바빌로니아에서 사용된 길이의 단위. 팔꿈치에서 가운데 손가락 끝까지의 길이를 기준으로 약 45센티미터에 해당됨(옮긴이).

그런 다음 오늘날과 마찬가지로 심리적으로 부담을 주는 발언이 이어진다. "자네의 명성이 얼마나 높은지 한 번 보게나. 이곳에선 서른 명의 다른 필경사를 부각시킬 만한 그 어느 것도 찾을 수 없도록 하게. 자네가 모르는 게 있다는 소리가 들려오지 않도록 하고."

"거기에 벽돌이 얼마나 필요한지 알려주게."

| 간접 식별 |

벽돌은 얼마나 필요할까? 여기엔 미지의 뭔가가 있다. 말하자면, 하나의 수다. 방정식은 미지의 변수와 그 값에 대한 단서가 하나의 등식 안에서 결합된 언어적 형태를 취한다.

방정식은 미지수의 정체를 액면 그대로 드러내는 법이 거의 없다. 어떤 수 x에 대해 $x=5$기 옳다고 해도 이는 별로 대수롭지 않다. 이보다 흥미로운 것은 어떤 수를 거듭제곱하면 25가 된다는 주장이다($x^2=25$). 단서는 분명해 보이지만, 하나의 단서만으로 유죄 판결을 내릴 수 없듯 하나의 단서가 하나의 수를 대변할 수는 없다. 수의 정체를 밝히려면 우선 방정식을 풀어야 한다. 미지수와 그 본질에 대한 여러 단서들 사이에서 주거니 받거니 하는 교환이 이루어지는데, 이것이 바로 위대한 수학 드라마인 것이다.

어느 방정식에든 미지수와 단서가 존재한다. 단서는 나름의 중요성을 지닌다. 단서를 통해 미지수가 얼마인지 누구나 확실히 알 수 있다. 기초 수학으로 나타낸 방정식은 다항식의 형태를 띠며, 그것이 결국 방정식의 단서가 된다.

1, 2, 3 등의 숫자와 알파벳 뒷부분에 속한 변수 *x*, *y*, *z* 사이에서 확장

된 집합은 **14x, 8x³, 5x²** 같은 식을 통해 어떤 기초적인 '무언가'를 바탕으로 어떤 기초적인 연산이 수행되는 방식을 기록할 수 있게 해준다.

단항식으로 불리는 이들 식은 마치 여러 종족이 모여 이룬 부족과도 같다.

부족원을 다른 부족원과 합쳐 더 큰 부족을 형성할 수도 있다. 이쯤에서 직접 해보는 건 어떨까? 단항식은 사교적이며 어느 경우든 2×9나 6×94 같은 보통의 산술식에 가깝다. 알려진 수든 알려지지 않은 미지의 수든 산술 법칙은 똑같이 적용된다.

이런 생각은 대담하지만, 새로운 건 아니다. 아라비아 문화가 전성기를 누리던 당시 수학자들은 이를 충분히 알고 있었으며, 그리스인들과 그보다 앞선 시대를 살았던 바빌로니아인들 역시 마찬가지였다. 이런 생각은 여기저기로 확산돼 나갔다. 단항식의 덧셈은 단항식이 결합한 다항식으로 단지 명칭만 바뀔 뿐이다. 따라서 다항식 $5x^2+3x$는 두 단항식 $5x^2$과 $3x$의 덧셈을 나타내며, 다항식 $5x^2+3x+7$는 바로 거기에 중국 상인이 행운을 빌며 복권에 새겨 넣는 7이란 수가 결합한 것이다.

이 모든 것은 두 부분으로 나뉜 분류 체계에 속할 수 있다. 단항식은 기초수학의 관점에서 다음과 같은 형태를 띤 임의의 식을 말한다.

$$ax^n$$

한편, 단항식이 결합한 다항식은 다음과 같은 형태를 띤다.

$$a_n \cdot x^n + a_{n-1} \cdot x^{n-1} + \cdots a_2 \cdot x^2 + a_1 \cdot x^1 + a_0$$

다항식은 그것이 지지하는 연산을 분명히 드러낼 만큼 흥미롭다. 곱셈은? 좋다. 덧셈은? 좋다. 뺄셈은? 좋다. 거듭제곱은? 역시 좋다. 하지만 여기에 나눗셈의 형태는 없다. 이런 식의 점검은 다항식이 정의된 방식에서 나왔기 때문에 형태를 다룬다고 볼 수 있다. 하지만 다항식이 이미 기초수학의 일부인 수를 충실히 따르고 있다는 점에서는 의미를 다룬다고 볼 수 있다. 이를 우연의 일치라고만은 할 수 없다. 그보다는 새로운 수학적 대상이 생겨나는 진지하고 균형 잡힌 방식을 보여준다.

│ 이중적 의미 │

다항식의 개념은 은근히 모호성을 띤다. 다항식은 식이나 언어의 형태로 나타나며, 결국 기초수학을 표현하는 상징적 장치의 일부라고 할 수 있다. 다항식 $5x^2\ 25$는 그 의미가 불확실하다. 다항식은 그저 그 모호한 변수 x에 대한 서술에 의존하며 지시적 형태를 띠고 있지만 지시적 내용은 담고 있지 않다. 다시 말해, x가 어떤 수를 나타내는지 누가 알겠는가?

다항식은 다항 방정식으로 나타낼 때 특이성과 유용성을 모두 얻게 된다. 방정식 $5x^2-25=0$은 두 가지가 같음을 '의미한다.' 그 중 하나는 0이다. 다른 하나는 방정식이 제공하는 단서에 근거해 이성적으로 결정해야 한다. 우선, x를 거듭제곱 한다. 이것이 하나의 단서다. 그런 다음 다시 5를 곱한다. 이는 또 다른 단서다. 이러한 곱에서 25를 뺀다. 이는 세 번째 단서다. 그 결과 0이 남는다. 마지막으로 네 번째 단서다.

그렇다면 그 값은 얼마인가? 이와 비슷한 질문을 던진 걸 보면 아메스 역시 이 문제를 알고 있었던 게 틀림없다. 기초수학에서 언어와 기술은 4천년이 넘는 세월 동안 크게 달라졌지만, 그런 질문이 불러일으키는 충격은 예나 지금이나 변함이 없다.

방정식 $y=x^2-7x+16$은 $5x^2-25=0$보다 더 야심차다. $x^2-7x+16$이 의심할 여지없는 다항식이므로 이것은 다항 방정식의 형태를 취하고 있다. 그러나 이 방정식은 두 개의 미지수가 있다. 하나는 x로 나타내고 다른 하나는 y로 나타낸다. 두 번째 미지수는 분명 첫 번째 미지수에 달려 있다. 하지만 이것만으로는 단 한 발짝도 나아갈 수 없다. $x=1$과 $y=10$은 방정식을 참이 되게 하는 역할을 하며, $x=2$와 $y=6$ 역시 마찬가지이다. 방정식 $y=x^2-7x+16$은 비록 두 가지가 같다고 말하고는 있지만, '어떤' 것이 어떤 것과 같은지를 생략함으로써 특이성을 잃었다.

이러한 방정식이 갖는 미해결 특징은 간혹 두 번째 방정식을 추가함으로써 완화될 수 있다. 이 경우엔 $y=x$라고 하자.

두 방정식은 한 가지 일을 하는 중이다. 이들 방정식은 $y=x^2-7x+16$과 $y=x$이다.

y를 x로 대신하면 $x=x^2-7x+16$가 된다. 이로써 하나의 방정식이 두 방정식이 해야 할 일을 하게 된 셈이다.

두 방정식 모두 두 개의 미지수를 포함하고 있지만 결국 이들 방정식의 해는 하나로 결정된다. 결국 $x=4$ 속에 불가사의한 식의 해답이 존재한다. 오직 4라는 숫자만이 방정식과 아울러 간접 식별에 대한 수학자의 확신을 만족시킨다.

단서는 단서가 할 수 있는 모든 걸 해냈다.

공통의 이해관계

함수는 기초수학에서 중요한 위치를 차지한다. 함수는 수가 수에 전달되는 방법인 동시에 훨씬 엄격하게 따져보면 순서쌍의 집합이기도 하다. 덧셈, 곱셈, 뺄셈은 두 수를 세 번째 수로 가져가는 오래된 함수다. 이제부터 나올 식에서 $f(x)$는 일반적인 함수를 나타내며, f란 기호는 변수 x(독립변수)에 크게 의지해 새로운 기호를 토해낸 다음 새로운 수에 함숫값이란 이름을 붙인다.

다항 함수는 $f(x)=a_n \cdot x^n + a_{n-1} \cdot x^{n-1} + \cdots + a_2 \cdot x^2 + a_1 \cdot x^1 + a_0$의 형태로 나타난 '임의의' 함수다.

결국 함수 $f(x)=x^2+1$은 x와 $f(x)$ 사이에서 점차 확대되는 우호 관계를 따른다. $x=0$일 때 $f(0)=1$이고, $x=1$일 때 $f(1)=2$이고, $x=2$일 때 $f(2)=5$이고, $x=10,000$일 때 $f(10,000)$은 상당히 큰 어떤 수가 된다. 순시쌍으로 나타나는 이들 수는 끝이 없으며, 마이너스 무한대부터 플러스 무한대까지 뻗어나간다.

간접 식별의 기초가 되는 다항 함수와 방정식 사이에는 공통의 이해관계가 존재한다. 함수 $f(x)=x^2-7x+16$과 방정식 $y=x^2-7x+16$을 살펴보자. $x=y$라는 정보가 없는 방정식 $y=x^2-7x+16$은 다만 함수와 같은 일을 할 뿐이다. 그것은 x로 나타낸 수와 y로 나타낸 수의 관계를 추적한다. x 대신 특정한 수를 대입하면 기계적으로 y값이 결정된다. 이는 함수 작용이며, 결국 $f(x)=x^2-7x+16$과 $y=x^2-7x+16$은 같은 의미를 갖는다. 이를 세 부분으로 이루어진 등식으로 나타내면 $f(x)=y=x^2-7x+16$과 같다.

이보다 더한 공통의 이해관계가 있을 수 있을까?

수들 사이의 관계를 명시하고자 의기투합할 때 서로 같아진 다항 함수와 방정식은 몇 가지 단서에 의해 이들 함수와 방정식이 아주 특별한 수를 명시하는 진술로 바뀜으로써 둘 사이의 관계가 잊힐 때 또 다시 같아진다.

이처럼 점점 더해가는 함수와 방정식의 의존성을 표현하는 편리한 방법은 모든 걸 0으로 두는 것이다. 이를테면, $x=x^2-7x+16$은 $x^2-7x+16-x=0$으로 나타낼 수 있다. 두 방정식은 정확히 같다. 이들은 같은 것을 의미하며, 같은 해답을 갖는다.

$f(x)=x=x^2-7x+16$에서 0으로의 전환은 $f(x)=x^2-7x+16-x=0$을 만들어낸다.

$f(c)=0$이 되는 수 c는 다항함수의 '영값'(zero) 혹은 '근'(root)으로 불린다.

다항함수의 영값은 밑바탕을 이루는 방정식의 '해'다. 이 경우엔 $f(4)=4=x^2-7x+16=4$가 된다.

간접 식별법은 무얼 필요로 하는가?

방정식 혹은 방정식들을 풀라.

아니면

함수의 영값을 결정하라.

아니면

그것의 근을 찾아라.

| 다항식의 환 |

고통스런 가시 면류관의 한가운데 자리 잡은 다항식은 훨씬 중요한 또 다른 정체성을 갖는다. 다항식은 환 그리고 환 비슷한 것을 형성하면

서 가시 면류관에서 벗어난다.

환의 정의는 이번이 두 번째다. 첫 번째 조항은 단 하나의 원소가 지배하는 남미의 정당을 연상시키는 환의 악몽을 몰아낸다. 두 번째 조항은 교환법칙을 다루고, 세 번째 조항은 결합법칙을 다룬다. 네 번째 조항은 항등원의 복원을 다룬다. 다섯 번째 조항은 분배법칙을 다룬다. 마지막 조항은 환 내부에서 뺄셈이 온전하며 완벽하다는 걸 확증해준다.

법률 계약과 마찬가지로 수학에서 환은 사례를 수집한다. 환은 흥미로운 주요 사례를 수집할 만큼 일반적이지만, 수가 작용하고 수가 해야 할 일을 하는 현실세계와 관계가 끊어질 만큼 일반적이지는 않다.

다항식의 덧셈은 우리가 기대하는 대로 이루어진다. 다항식 $5x^2+3x+2$와 다항식 $3x^2+x+5$의 합은 다항식 $8x^2+4x+7$이다.

곱셈은 다만 항을 수집해서 적절한 위치에 두려는 의지만 있으면 된다. 다항식 $5x^2+3x+2$과 다항식 $3x^2+x+5$의 곱은 $(5\cdot 3)x^{2+2}+(5\cdot 1+3\cdot 3)x^{2+1}+(5\cdot 5+3\cdot 1+2\cdot 3)x^{2+0}+(3\cdot 5+2\cdot 1)x^{1+0}+(2\cdot 5)x^0$이다.

위에서 볼 수 있는 표기법의 온갖 가시덤불에도 불구하고 다항식은 환의 정의를 만족하면서 정수에 가까운 모습으로 등장한다. 다항식의 덧셈과 곱셈은 앞의 사례가 보여주듯이 정확히 진행되기 때문에 당연한 것으로 받아들여진다. 정수와 마찬가지로 다항식에 다항식을 더하거나 곱하면 다시 다항식이 된다.

구체적으로 명시되지 않은 두 다항식 $P(x)$와 $Q(x)$를 생각해보자. 동의를 구하는 눈빛으로 환의 정의를 바라본다면 우리에게 낯익은 체크리스트가 나타날 것이다.

I. $P \neq Q$ ✓

2. $P+Q=Q+P$, $PQ=QP$ V
3. $(P+Q)+R=P+(Q+R)$, $(P \cdot Q) \cdot R = P \cdot (Q \cdot R)$ V
4. $P+0=P$, $P \cdot 1 = P$ V
5. $P \cdot (Q+R) = P \cdot Q + P \cdot R$ V
6 뺄셈은 정의되는가? 물론이다. V

다항식이 환임을 수학자가 밝히는 순간은 문학 작품이나 신화 속에서 비천한 꼽추가 등에 난 혹을 떼어내고 스스로 왕임을 밝히는 순간과 아주 흡사하다.

> 일어나서 손을 들고 축복하라.
> 자신의 잃어버린 명성을 생각하며
> 말할 수 없는 비통에 잠긴 한 남자를.
> 로마 황제는 이 혹 밑에서
> 옴짝달싹 못하는구나.

| 항등식의 중요성 |

다항식은 20세기에 대수적 항등식이 나타나기 훨씬 오래전부터 역사적 기록에 등장했다. 위대한 수학자 가우스는 정수와 다항식 사이의 유사성을 완벽히 이해했으며, 정수의 연산과 유사한 방식으로 다항식의 연산을 전개함으로써 그런 유사성을 이용하는 최상의 방법을 알고 있었다. 이러한 병렬 연산 개념은 19~20세기의 수학 풍조라 할 수 있다. 그것은 전혀 다르게 보이는 두 가지 수학적 대상(정수, 다항식)을 과감하

게 결합하려는 가장 급진적 욕구와 결합돼 있다. 그와 동시에 기초수학의 아주 오래된 부분인 가장 믿을 만하고 오래된 산술적 연산은 유사성의 기반으로 간주된다. 그리하여 다항식과 정수는 스릴 넘치고 은밀한 악의 힘을 빌리지 않고 분명한 미덕 가운데 가장 보편적인 것을 공유함으로써 유사성을 띠게 된다. 다항식과 정수 모두 더하고 곱하고 뺄 수 있다.

다항식이 환을 형성한다는 발견은 (그러한 발견이 대개 그러하듯) 다항식의 역사에 만족스런 일관성의 형태를 부여했다. 다항식은 정수와 '비슷하다.' 기초수학의 기본적인 연산은 정수가 제시하는 것보다 훨씬 복잡한 구조를 포함할 정도로 확대된다. 기초수학의 기본 연산은 미지수에도 적용된다. 2+3이 3+2인 것과 마찬가지로 $x+y$는 $y+x$와 같다. 정확히 '어떤' 수를 지배하는지에 대한 고정관념 없이 덧셈을 지배할 만큼 덧셈에 대한 교환 법칙은 강력하다. 여기엔 '모든' 수가 해당된다. 어떤 수인지는 중요하지 않다. 자연수로 이루어진 특별한 집합에 대한 집착으로부터 기초수학의 법칙을 자유로이 풀어주면서 시작된 대수학은 덧셈, 곱셈, 뺄셈에 의해 미지수가 다른 미지수와 작용하는 조합적 기반을 풍부하게 하는 데서 지속적인 성공을 거두었다. 다항 방정식에 나타난 미지수들은 여전히 미지의 상태로 남아 있지만, 이제는 방정식이 제공하는 단서들에 의해 하나로 결합한다.

결국 끊임없는 통찰과 추상적 개념으로의 여정이 5+3=3+5와 $x+y=y+x$, $(5x^2+3x+2)+(3x^2+x+5)=(3x^2+x+5)+(5x^2+3x+2)$로 나타낸 식들 사이에 놓여 있다.

수세기가 걸린 이러한 여정을 중요하게 만든 건 뭘까? 이는 수로부터 변수와 다항식에 이르기까지 기초수학에서 가능한 표현의 여지를 넓히려는 순전히 관념적인 욕구에 힘입어 정수와 다항식이 모두 환의 사례로 나타날 경우에 추상적 개념으로의 비상은 친숙한 것에서 멀어지는 게 아니라 친숙한 것으로 되돌아오는 것이란 생각을 회복한 데에 있다.

다항식이 환이라는 사실 덕분에 수학자는 이들 다항식을 기초수학의 기본 연산에 내놓을 수 있으며, 이는 다름 아닌 다항 방정식을 풀어냄으로써 간접 식별법을 정당화시키는 권한을 나타낸다.

가장 단순한 사례에서조차 이는 명백하다.

어떤 수에서 7을 빼면 25가 된다고 하자.

'그' 수는 얼마일까?

이를 기호로 나타내면 $x-7=25$이다.

해법은 이러하다.

방정식의 양변에서 25를 빼면 $x-7-25=0$이 되고, 이는 곧 $x=32$임을 알 수 있다.

여기엔 $25-25$가 0이라는 간단한 확신이 깔려 있다.

다른 무언가에서 무언가를 빼도록 하는 허용은 어디에서 비롯되는가?

-7 더하기 -25가 -32라고 하면 그런 조치는 어떻게 정당화되는가?

혹은 결국 $x=32$임을 밝히는 다음 조치는 어떠한가? -32는 어떻게 적도인 0을 넘어 양수가 될 수 있었을까?

어떤 바빌로니아인도 답할 수 없었던 많은 문제를 그들의 후손인 우리는 답할 수 있다. 방정식이 미지수를 포함하는 간접 식별법이 완벽하진 않으나 어느 정도 효과가 있는 것은, '다항식이 환을 형성하기' 때문이다.

| 새로운 경계 |

미지수에 관심을 보인 고대 수학자들은 시간을 절약하는 데도 관심을 보였다. 그들은 어디에나 쓸 수 있는 일반적인 것, 기계적인 구조, 요즘 쓰는 말로 표현하자면 알고리즘이라 할 수 있는 공식을 적용해 방정식을 쉽게 풀어낼 수 있을 거란 생각을 했다.

이차 방정식 $ax^2+bx+c=0$을 생각하던 바빌로니아의 수학자들은 그것의 해를 구하는 어설픈 공식을 많이 만들어냈다. 7세기 브라마굽타는 '임의의' 이차방정식의 해를 구하는 일반적인 공식을 세상에 내놓았으며, 세상은 곧 이런 종류의 공식이 아주 훌륭하다는 결론을 내렸다.

$$x = \frac{-b \pm \sqrt{b^2-4ac}}{2a}$$

그 후로 수학자들은 공식을 만드는 데 열을 올렸다. 16세기 들어 일단의 이탈리아 수학자들은 삼차'와' 사차 다항 방정식을 기계적으로 풀 수 있는 알고리즘을 발표했다. 물론 그 중에는 성마른 카르다노도 포함돼 있었다. 공식이 워낙 중요시된 나머지, 수학자들은 공식을 얻고자 서로에게 부정한 짓을 저지르기도 했다.

그럼에도 표절한 것을 새것처럼 고치는 데 능숙한 이탈리아의 수학자들조차 오차방정식의 해를 구하는 공식만은 찾아내지 못했다.

사실 오차방정식의 해를 구하는 공식은 불가능한 것이었다. 19세기 초 파올로 루피니와 닐스 아벨 두 사람은 $ax^5+bx^4+cx^3+dx^2+ex+f=0$의 형태로 나타난 '임의의' 방정식에 똑같이 적용할 수 있는 공식이 존재하지 않음을 보였다.

욕망만큼이나 뛰어난 재능을 타고난 스물한 살의 에바리스트 갈루아는 끔찍한 결투로 목숨을 잃기 전날 밤 다항 방정식의 근을 다시 검토했으며 방정식을 풀 수 있고 없고의 여부를 결정하는 대칭적 제약 체계를 처음으로 알아냈다.

이야기를 마치기 전에 마지막으로 짚고 넘어갈 게 있다.

가장 단순한 다항 함수조차 기초수학에서 근을 갖지 못할 수도 있다는 점이다. 함수 $f(x)=x^2+1$이 바로 그러한 예다. x^2+1을 0이 되게 하는 수 c는 존재하지 '않는다.'

하지만 이는 기초수학에서만 그럴 뿐 일반적으로는 그렇지 않다는 점을 기억해야 할 것이다. 가우스는 박사학위 논문에서 모든 다항 함수가 근을 갖는다는 대수학의 기본 정리에 관한 첫 번째 증명을 내놓았다.

$f(x)=x^2+1$을 비롯한 수많은 함수의 경우, 이들 함수의 근은 기초수학이 아우를 수 있는 수 체계를 넘어선다. 기초수학의 수 체계로 인한 이러한 좌절과 한계에 대한 인식은 수학자들로 하여금 실수와 복소수를 만들어내도록 이끌었다.

이 같은 결과는 지도상에서 기초수학이 끝나고 무언가 새로이 시작되는 지점을 나타낸다. 이는 마치 한 나라가 끝나고 또 다른 나라가 시작되는 동유럽 국경선의 불빛과 흡사하다.

CHAPTER 24

분수의 조밀성

빵 반쪽이라도 있는 것이 전혀 없는 것보다 낫다고 믿는 사람치고 2분의 1이란 수를 꺼리는 경우는 없다.

| 최후의 연산, 나눗셈 |

반을 가져라. 필요한 만큼 써라.

무엇이 이보다 간단할 수 있을까?

익숙함으로 치자면 이보다 간단한 것은 없다. 고대 세계 역시 분수와 그것이 필요한 이유에 대해 알고 있었다. 이런저런 것들 가운데 린드 파피루스는 기술자들이 나눈 한담(閑談)이며 냉정한 실행가들이 서로 혹은 도제를 위해 작성한 내부 문건이다. 파피루스는 계산의 절박함을 아주 성공적으로 전달한다. 곡물 창고는 나누어야 하고, 빵은 배분해야 하고, 경작지는 경작 순서를 매겨야 하고, 병사들에게는 임무를 할당해야 한다. 이러한 것들은 언제나 식량 부족에 시달리는 농경 사회에서는 불가피하고 또 실질적인 문제다.

린드 파피루스를 작성한 수학자들이 자신의 문하생들에게 까다롭고 성마른 것으로 보인다면 이는 채찍만큼이나 준엄하고 가혹한 주인이랄 수 있는 나일 강 때문이었다. 계산을 위해 고대 수학자들은 전체에 대한 부분을 뜻하는 분수를 필요로 했다. 그들은 분수가 어떤 의미를 갖는지에 대해서는 그다지 고민하지 않았다. 다만 거래의 수단으로 손쉬운 방법을 택했을 뿐이다. 이들에게 시간은 곧 금이기 때문이었다. 그들의 이론은, 아직 태어나진 않았지만 시간의 바퀴가 돌고 돌기만을 끈질기게 기다린 후세의 그리스인에게 전해졌다.

수메르인, 바빌로니아인, 이집트인, 그리스인, 거대한 산맥 뒤에 숨은 중국인에게 분수는 유사 이래로 기초수학의 일부였다. 분수는 그들의 목록에 언제나 포함돼 있었으며, 자연수만큼이나 친숙한 친구나 다름없었다.

| 부분에서 전체로 |

분수는 2분의 1, 4분의 3, 8분의 5처럼 일정한 순서를 갖는 두 자연수로 이루어진 수다. 임의의 두 자연수가 일정한 '순서'를 갖는다. 3분의 2와 2분의 3은 분명히 다르다. 첫 번째 분수는 3분의 1을 취급하는데 비해 두 번째 분수는 2분의 1을 취급한다. 원하는 것의 2분의 3을 얻고 원치 않는 것의 2분의 1을 얻는 것이 그 반대의 경우, 즉 원하는 것의 2분의 1을 얻고 원치 않는 것의 2분의 3을 얻는 것보다 낫다. 한 수가 다른

수 위에 놓이는 전통적인 분수 표기법은 이를 우아하게 전달한다. 논리학자들은 종종 분수를 순서쌍으로 나타낸다. 가령 $\frac{1}{2}$을 ⟨1, 2⟩로 나타내는 것이다. 하지만 이런 장치는 전통적 표기법이 언제나 두 줄로 나타내 온 것을 한 줄로 나타낸 것 말고는 거의 달라진 게 없다.

자연수의 순서쌍으로 표기한 분수는 전체에 대한 부분을 나타낼 때 아주 편리하게 상상할 수 있다. '한' 덩어리지만 '두' 조각이다. 이는 분수가 나눗셈 연산에 관한 뭔가를 정확히 담아낸다는 걸 여실히 보여준다. 그리고 이는 확실히 맞는 말이다. 한 덩어리를 둘로 '나눈다.' 나누든, 자르든, 썰든, 꾸러미로 묶든, 심지어 저미든, 방법에 상관없이 연산이 우선이다. 분수는 거기에 이바지한다. 분수가 나타내거나 설명하려는 바로 그 연산에 의해 분수 자체를 설명할 수 있다는 건 흥미로운 일이 아닐 수 없다. 결국 4분의 1이란 분수는 1을 4로 '나눈' 것이다. 나눗셈을 분수를 이해하기 위한 연산으로 봐야 한다면, 역으로 분수를 나눗셈을 이해하기 위한 수로 볼 수는 없다.

자연수와 마찬가지로 분수는 그것이 이용되는 환경의 제약을 받는다. 빵 한 덩어리는 둘로 나눌 수 있지만, 진흙은 그럴 수 없다. '진흙 한 개의 2분의 1'이란 개념은 없다. 진흙은 오로지 얼룩, 오점, 반점으로만 나뉠 수 있다. 얼룩을 내고, 오점을 만들고, 반점을 찍는 방법에 호소해 진흙을 어떻게 나누느냐 하는 문제를 해결하는 일은 다소 치졸해 보인다. 이는 이들 행위가 진흙에 대한 분할을 사전에 가정하고 있기 때문이다. 이 경우 진흙 얼룩 한 점은 전체의 일부에 해당한다.

이보다 분석적으로 정교함을 갖추기는 힘들 것 같다. 기초수학의 관점에서는 어떤 것을 나눌 수 있고 어떤 것을 나눌 수 없는지를 언급하는 것이 현명한 선택일 것이다.

진흙 문제는 철학자들에게 맡기는 편이 낫지 않을까? 그들은 이런 류의 문제를 아주 좋아한다.

| 둘을 위한 하나 |

사물을 나눌 필요에서 비롯된 분수는 그 자신이 나뉜 수다. 1은 하나의 숫자지만, 2분의 1($\frac{1}{2}$)은 하나로 나타낸 두 수 혹은 둘로 나타낸 하나의 수다.

하나를 위한 둘 혹은 하나로 나타낸 둘이란 분수가 전달하는 느낌은 단지 그것을 표현하는 방식의 문제에 불과할까?

십진법에 따르면 그렇다. '하나로 나타낸 둘이냐 둘로 나타낸 하나냐?' 하는 것과는 전혀 거리가 멀다. 2분의 1이란 분수는 그것이 소멸되면서 뒤따를 부활의 씨앗을 품고 있다. 2분의 1은 우아하게 나타낸 소수 0.5로 다시 모습을 드러낸다.

두 개의 숫자가 하나가 된 것이다.

십진법은 분수를 표현하는 일반적인 도식이며 경제성이 뛰어나다.

소수점 왼쪽에는 일반적인 정수가 자리 잡는다.

오른쪽으로는 10분의 1, 100분의 1, 1000분의 1처럼 유한한 10의 거듭제곱분의 1로 나타나는 분수가 위치한다.

소수는 다음과 같은 복잡한 식으로 정수와 분수를 묶어 이들을 하나로 합친다.

$$Z + a_1 10^{-1} + a_2 10^{-2} + a_3 10^{-3} + \cdots a_n 10^{-n}$$

여기서 Z(수를 의미하는 독일어 잘렌(Zahlen)에서 유래됨)는 정수를 나타낸다.

아래와 같이 나타낸 소수는 일반적인 분수 $\frac{1314}{1000}$에 대응된다.

$$1 + \frac{3}{10} + \frac{1}{100} + \frac{4}{1000}$$

십진법으로 나타낸 분수도 있고, 십진법으로 나타낸 소수도 있다. 분수에서 소수를 얻으려면 분수의 분모를 버리고 분자를 유지하기만 하면 된다. 여기서 소수점은 뒤따르는 분수로부터 정수를 분리시키는 역할을 한다. 이로써 다소 볼품없는 $\frac{1314}{1000}$ 대신 융단처럼 번드르르하고 가르치기 쉬운 1.314를 얻었다. 소수를 이용하려면 소수점과 그것이 명하는 자리를 따라가려는 의지만 있으면 된다.

따라서 십진법으로 나타낸 수는 다음과 같은 형태를 띤다.

$$Z \cdot a_1 a_2 a_3 \cdots a_n$$

분수 $1 + \frac{3}{10} + \frac{3}{100} + \frac{4}{1000}$는 모두 분수로 이루어진 반면, 소수 1.314는 모두 정수로 이루어져 있다. 그럼에도 분수와 소수 모두 하나의 동일한 수를 가리킨다.

소수는 사랑스럽고 활기차고 효율적이고 우아하면서도, 하나를 위해 둘이 애쓰는 분수 특유의 산만함으로부터도 완전히 자유롭다.

이처럼 건방진 주장에 대해서는 한 가지 분명한 사실이 있다. 즉, 십진 분수 개념으로 '시작된' 위와 같은 표기법을 이용해 분수를 모두 없앨 수 있다고 제안하기는 어렵다는 점이다.

두 얼굴을 했든, 양면성을 가졌든, 머리가 둘이든, 분수는 어쨌거나 정복하기 어려운 게 사실이다.

표기법은 이와는 아무런 관계가 없다.

│ 분수가 아닌 것 │

가령 2분의 1이나 10분의 9 같은 분수는 정수가 아니다. 양의 정수, 0, 음의 정수를 포함한 정수 구조에는 분수가 포함되지 않는다. 이는 뜻밖이다. 2분의 1이란 분수는 두 정수 1과 2가 합성된 것이다. 하지만 거기서 나온 혼합물은 원재료와는 다르다. 분수에는 정수에 없는 성질이 있다. 2는 그 자체로 2이다. 유일무이할 뿐만 아니라, 자연수로 이루어진 탑에서 그 위치는 다른 수로 대신할 수 없다.

반면에 분수는 안정감을 전혀 찾아볼 수 없다. 가령 2분의 1은 4분의 2나 6분의 3과 똑같다. 2분의 1, 4분의 2, 6분의 3을 비롯해 무수히 많은 분수들은 같은 값을 갖는다. 분수 값은 같은 뜻을 갖고 모여든 분수들 속에 분포하며, 각각의 분수에 대해 한 가지 값이 정의된다. 이는 분수를 생각하는 하나의 방법이기도 하다. 분수는 분명히 정수의 '순서쌍'으로 나타낼 수 있지만, 그런 순서쌍이 모인 '집합'으로도 나타낼 수 있다. 이 모든 분수의 집합은 처음에 주어진 분수와 같다.

정수가 아닌 분수는 다른 면에서 보더라도 정수가 아니다. 양의 정수는 다른 정수들과 떨어져 있으며 짧지만 분명한 점으로 수직선 위에 나타난다. 또 주변의 수들로 밀어 올리는 힘에 있어서도 치우침이 없다. 하지만 분수는 이와 다르다. 양의 정수가 증가하는 것과 마찬가지로 분수 역시 증가한다. 이는 분수가 양의 정수처럼 끝없이 커지는 힘을 갖고 있다는 의미다. 분수는 또 끝없이 작아질 수도 있다. 하지만 이는 양의 정수에서는 찾아볼 수 없는 성질이다. 양의 정수는 아래쪽 끝에 이르면 0의 심연과 맞닥뜨리게 된다.

분수가 두 배로 무한하다면, 이는 양의 정수에서는 전혀 허용되지 않는 또 다른 의미에서 무한한 것이다. 분수는 아주 조밀하다. 임의의 두 분수 사이에는 언제나 또 다른 수가 존재한다.

정수와 분수의 이런 차이점은 다음과 같이 간략히 정리할 수 있다. 0과 1 사이에는 아무런 양의 정수도 존재하지 않는다. 마치 다리엔 만(灣)[36] 최고봉에 말없이 서 있는 건장한 코르테즈[37]처럼. 하지만 임의의 두 분수 사이에는 언제나 또 다른 수가 존재한다. "별개의 둘이지만 절대로 나눌 수 없는 하나이기에, 사랑 안에서는 숫자가 사라진다."[38]

이것이 사실이라는 증명이 있는가?

있다. 분명히 있다.

| 한편으로는 |

0과 1 사이의 공간은 비어 있다. 이들 사이에는 자연수가 존재하지 않는다.

0, 1, 2, 3, ……은 서로 별개의 수로 이들의 분리는 확고부동하다. 0과 1 사이에 아무것도 존재하지 않음을 보이려면 강력한 원리가 필요하다. 수학자들은 반드시 이를 받아들여야 한다. 정렬 원리가 바로 그것이다.

---

36) 파나마 동북부와 콜롬비아 서북부 사이에 있는 카리브해의 만(옮긴이).
37) 멕시코를 정복한 스페인의 정복자(옮긴이).
38) 이상적인 사랑의 결합을 우화적으로 다룬 셰익스피어의 서정시 〈불사조와 산비둘기〉 중에서 인용한 구절(옮긴이).

집합론에서 형성된 가정인 정렬 원리는, 적어도 하나의 원소를 갖는 자연수의 모든 부분집합은 최소의 원소를 갖는다는 것이다.[39]

"그 효력을 설명하고자" 버코프와 맥 레인이 강경하게 말한 것처럼, 정렬 원리를 이용하면 0과 1 사이에 아무런 자연수도 존재하지 않음을 쉽게 보일 수 있다. 직관대로라면 아무것도 존재해서는 안 되는 곳에 어떤 자연수 x가 존재한다고 가정하자. x는 0보다 크지만 1보다 작다. 이를 기호로 나타내면 $0 < x < 1$이 된다.

이런 가정에 따라 0과 1 사이에 있는 모든 수의 집합은 x를 원소로 갖는다.

이것만으로도 정렬 원리를 끌어들이기에 충분하다.

정렬 원리가 작용한다고 가정하자.

따라서 이런 집합은 최소의 원소로 어떤 수 y를 갖는다.

결국 $0 < y < 1$인 셈이다.

이 부등식에 y를 곱하면 $0 < y^2 < y$를 얻는다.

이로부터 y^2은 y보다 '작다'는 걸 알 수 있다.

아차, 이를 어쩐다? y는 0과 1 사이의 최소 원소, 즉 가장 작은 원소가 되지 않으면 안 된다. 모순에 이르렀으므로 그와 함께 0과 1 사이에 자연수가 존재한다는 확신도 무너진다.

이런 논증은 아주 간결하고도 효과적이다. 그것은 버코프와 맥 레인이 밝힌 것처럼 기이하면서도 충격적인 효과가 있다.

---

[39] 15장에서 수학적 귀납법의 원리를 유도할 때 정렬 원리가 쓰였다.

그런 반면에

임의의 두 분수 사이에는 세 번째 수가 존재하고, 첫 번째 분수와 세 번째 분수 사이에는 네 번째 수가 존재하며, 세 번째 분수와 두 번째 분수 사이에는 다섯 번째 수가 존재한다. 이처럼 제어할 수 없는 내부의 분할 과정이 끝없이 이루어지면서 분수는 환상적 증식을 보이는 생물학적 거품만큼이나 빠르게 늘어난다.

이에 대한 증명은 근본적 개념과 그 확실성에 대한 승인 사이에 주목할 만한 수학적 통합을 가져온다.

우선 분수들 사이의 순서에 대한 정의가 존재한다. 3분의 1은 2분의 1보다 작고, 8분의 6은 8분의 7보다 작다. 그것이 무엇이든 의미한다고 하면, 3분의 1이 2분의 1보다 작다는 것은 2가 3보다 작다는 걸 의미한다.

이제까지 의미의 문제이거나 실례로 주어진 임의의 수에 대한 암묵적 호소였던 이런 생각은 보다 단련된 해석을 허용한다. 지루한 요구가 따르는 기호화가 우선적으로 필요하다. 첫 번째 기호 문제는 $\frac{a}{b}$가 $\frac{c}{d}$보다 작다'를 $\frac{a}{b} < \frac{c}{d}$로 나타내는 사소한 것이다.

두 부분으로 이루어진 약속 혹은 정의가 뒤따른다. 둘 다 고등학교 시절부터 우리에게 친숙하며, 정의에서 정리로 바뀔 수도 있다. 또, 이들 모두 $\frac{a}{b} = \frac{c}{d}$이면 $ad=bc$라는 탄탄하고 오래된 교차식에 근거한다. 이것이 옳다는 증명에는 상당한 지면이 할애되므로 우선은 증명 없이 받아들이기로 하자. 이는 우리가 취할 수 있는 최소한의 조치다.

첫 번째 부분은 분수 $\frac{a}{b}$가 다른 분수인 $\frac{c}{d}$보다 작다면 이들의 교차곱인 ad와 bc는 다음과 같은 부등식을 따른다는 것이다.

$\frac{a}{b} < \frac{c}{d}$ 이면 $ad < bc$

두 번째 부분은 두 수의 곱인 ad가 bc보다 작다면 분수 $\frac{a}{b}$는 $\frac{c}{d}$보다 작다는 것이다.

$\frac{a}{b} < \frac{c}{d}$ 이면 $< \frac{a}{b} < \frac{c}{d}$

(우리 수학자들이 그런 것처럼) 극적인 요소는 부족하더라도 이들 정의는 분수를 일반적인 곱셈의 형태로 끌어내렸기 때문에 효과 면에서 극적이다. 그 다음은 직접 눈으로 확인하길 바란다.

주장 : 임의의 두 분수 사이엔 언제나 세 번째 수가 존재한다. $\frac{a}{b}$가 $\frac{c}{d}$보다 작다면 이들 분수 사이엔 어떤 분수 F가 존재해야만 한다.

$\frac{a}{b} < \frac{c}{d}$ 이면 $\frac{a}{b} < F < \frac{c}{d}$

분수 F가 필요하면 그것을 얻는 방법은 이러하다.

분수 $\frac{a}{b}$와 $\frac{c}{d}$가 같지 않다고 가정하자. 즉, $\frac{a}{b}$가 $\frac{c}{d}$보다 작다고 하자. 가정한다고? 이들 분수가 같다면 대체 무엇 때문에 거기에다 시간을 낭비하겠는가? 이 경우 이들 분수 사이엔 아무것도 존재하지 않을 것이다. $\frac{c}{d}$가 $\frac{a}{b}$보다 작다면 앞서의 경우와 무슨 차이가 있겠는가?

따라서 다음의 부등식이 성립한다.

$\frac{a}{b} < \frac{c}{d}$

앞서 나온 첫 번째 정의로부터 다음과 같은 부등식이 뒤따른다.

ad < bc

이제 F가 등장할 차례다.

임의의 수 m을 선택해 ad < bc의 양변에 m을 곱해보라.

mad < mbc

이제 양변에 ba를 더한다.

ba + mad < ba + mbc

그리 할 수 있겠는가?
한 번 해보길 바란다.
그런 다음, 교환 법칙에 따라 $ba+mad$에서 ba를 뒤집어 이런 식으로 바꿔보자.

ab + mad

여기서 바뀐 $ab+mad$는 분배 법칙에 따라 공통인수를 밖으로 끄집어 낸다.

a(b + mad)

한편, 우변에서도 분배법칙에 따라 $ba+mbc$는 다음과 같은 식으로 바뀐다.

b(a+mc)

지금 교환 법칙과 분배 법칙은 법칙의 절차를 밟아 하는 것일 뿐이며, 그것은 문명사회에서 일어나는 작용이다.

따라서 식은 다음과 같이 정리된다.

a(b+md) < b(a+mc)

그런데 앞서 나온 두 번째 정의는 $a(b+md) < b(a+mc)$이면 다음의 식이 성립함을 의미한다.

$$\frac{a}{b} < \frac{a+mc}{b+md}$$

결국 $a(b+md) < b(a+mc)$는 약간의 식이 추가된 것 말고는 $ad < bc$와 다름없다.

그것은 분수 $\frac{a+mc}{b+md}$가 F임을 의미한다. 여기서 F는 분수 $\frac{a}{b}$보다 크다.

뭔가 빠뜨린 것은 없는가? 없다. 반대 방향에서 적용된 정확히 같은 논증은 F가 또한 $\frac{c}{d}$보다 작다는 걸 보여준다.

첫 번째 분수보다 크고 두 번째 분수보다 작은 F는 두 분수 사이에 존재한다.

기껏해야 곱셈과 나눗셈에 불과한 가장 기초적인 일련의 대수 조작을 통해 여러 기호가 무미건조하게 이리저리 뒤섞이며 수들이 곱해지는 사이, 이전의 두 수 사이에 존재하는 새로운 수가 기발한 방식으로 드러났다.

| 세상에 맞서라 |

에블린 워의 소설 『다시 찾은 브라이즈헤드』에서 술독에 빠진 세바스찬은 둘이 잠시 세상과 맞서보자고(라이더의 말대로라면, 콘트라 문둠(contra mundum)[40]) 찰스 라이더에게 협조를 구한다. 이런 선언은 낄낄거리며 웃는 두 청년의 입장에서 경계와 구분에 대해 점점 분명해지는 생각을 보여준다.

정수의 정교함은 실제로 이런 생각을 불러일으키지 않는다. 음의 정수가 아무리 이상해도 정수 체계는 물리적 세계, 즉 과학의 세계와 너무도 잘 어울린다.

물리적 세계와 수학적 세계가 출렁거릴 정도로 서로 간에 흘러 넘쳐 처음으로 손상을 입고 수학자가 '세상에 맞서도록' 하는 것은 분수와 관련될 때이다. 다른 누군가가 검토해볼 의향이 있는 그 무엇과 달리 분수는 전적으로 '수학자의' 손에 달려 있다.

2분의 1은 0보다 크지만 1보다 작다. 2분의 1이 0이라면 누구라도 아무런 소득이 없을 것이다. 그것이 1이면 우리가 적절한 수준에서 기대할 수 있는 것의 2배나 얻게 될 것이다.

빵 한 덩어리를 둘로 잘라 0과 1 사이의 수를 얻을 수 있다면 빵 덩어리를 훨씬 더 잘게 자를 경우 0보다 크지만 2분의 1보다 작은 또 다

---

[40] 라틴어로 '콘트라'(contra)는 '맞서다', '대항하다'를 의미하고, '문둠'(mundum)은 '세상', '우주'를 의미한다(옮긴이).

른 수를 얻을 수 있어야 한다.

그리고 사실이 그렇다.

이처럼 빵을 자르는 일에는 두 가지 작용이 함께 한다. 하나는 빵집 주인이 빵을 자르는 것이고, 다른 하나는 수학자가 분수를 늘리는 것이다.

이들 과정은 놀라운 속도로 빨리 진행된다. 자연계의 다른 모든 것과 마찬가지로 빵은 어떤 점을 넘어서면 나뉠 수 없다. (과학의 이름을 걸고) 그렇게 해볼 의향이 있는 빵집 주인은 다만 일을 망치고 빵 조각 대신 부스러기만 얻게 될 것이다.

그런데 빵집 주인이 한 발짝 뒤로 물러서자 기초수학은 물론 그 밖의 다른 어디서도 접해보지 못한 당혹스런 개념이 만들어진다.

빵 한 덩어리는 여느 물리적 대상과 마찬가지로 아무것도 남지 않아서 자를 것이 없을 때까지만 자를 수 있을 뿐이다. 현실 세계는 분수를 제기할 수는 있지만, 분수를 완전히 감싸지는 못한다. 공인된 빵 한 덩어리를 두고 볼 때 0과 1 사이의 공간은 기껏해야 십여 조각으로 채워진다. 그러나 기초수학의 관점에서 0과 1 사이의 공간은 조밀하다.

어느 모로 보나 수학적 우주가 물리적 우주보다 풍요롭고 비옥하다. 이들 사이에 조화를 이루려면 물리적 세계를 늘리든지 수학적 세계를 줄여야 할 것이다.

빵집 주인이 짊어질 부담은 수학자가 거만해질 공산이 있는 문제로는 보이지 않을 것이다. 그런데 빵집 주인이 내놓은 문제는 물리학에 다시 등장한다.

수학자의 수직선이 조밀한 데 비해, 물리학자가 따르는 수직선은 그렇지 않다. 실제로 물리학자는 밀도에 대한 생각이 무너지는 거리를 정확히 지적함에 있어 상당히 자신만만한 태도를 보인다. 그것은 10^{-35}에 해당하는 플랑크 길이(Planck length)다.

최근의 기사를 살펴보자.

> 플랑크 길이는 중력과 시공간에 대한 고전적 개념이 유효성을 잃고 양자효과가 지배하는 규모를 말한다. 이는 길이의 양자, 다시 말해 어떤 '의미'를 가진 최소의 길이 측정 단위다. 플랑크 길이는 대략 1.6×10^{-35}m 혹은 양자 크기의 10^{-20}배에 해당한다. 플랑크 시간은 광자가 플랑크 길이에 해당하는 거리를 빛의 속도로 지나는 데 걸리는 시간을 가리킨다. 이는 시간의 양자, 다시 말해 어떤 '의미'를 가진 최소의 시간 측정 단위로 10^{-43}초에 해당한다. 이보다 잘게 나뉜 시간은 아무런 '의미'를 갖지 않는다.

위의 기사에 따르면, 플랑크 길이는 '절대적인 것'으로 작용한다. 거리 그 자체가 변하지 않는 이상, 이보다 짧은 거리에 이르는 것은 불가능하다. 따라서 플랑크 길이는 입자 물리학자에게 '영점'(zero point)인 셈이다. 여기서 영은 문자 그대로 아무것도 없는 무의 상태를 의미한다. 유클리드 기하의 점과 마찬가지로 플랑크 길이는 아무런 부분도, 고유한 크기도 갖지 않는 공간의 영역이다. 부분, 크기, 공간, 거리는 모두 거기에서 비롯된다.

바로 이 순간 이처럼 놀라운(하지만 폭넓게 이루어진) 주장에 대해 어느 수학자든 거부하는 뜻으로 '아니라고' 말해야 한다. 물질의 세계에서 분할이 유한하며 끝을 보게 되는 것은 당연한 일이다. 물질의 세계는 고유의 제약을 따르기 때문이다. 하지만 수학적 세계에서는 분수에 한계가 없으며 분할은 끝없이 이루어진다.

플랑크 길이의 2분의 1을 어떻게 나타내느냐는 질문에 입자 물리학자는 뭐라고 답할까?

아무런 말도 하지 않을 것이다.

대체 무슨 말을 할 수 있단 말인가?

CHAPTER 25

항등원과 역원

덧셈, 곱셈, 뺄셈은 수학의 역사에서 없어서는 안 될 장조석 힘으로 존재해왔다.

| 수의 영역 |

0과 음의 정수는 둘 다 불충분하게 느껴지는 수와 수 체계를 완벽하게 만드는 대칭의 요건을 만족하고자 생겨났다.

불충분하다는 느낌은 애당초 상업적 이유에서 비롯됐을 것이다. 하지만 수학이 어떤 신비한 자기 인식의 단계에 도달한 순간, 빵집 주인이나 회계장부 담당자 모두 뒤로 물러섰다. 0은 회계장부가 기입되는(혹은 빵이 구워지는) 세계의 기본 틀처럼 수의 세계에서 중요한 정체성을 갖는다. 여러 가지 역할 가운데 0은 'x가 어떤 수든 $x-x$는 얼마인가?'하는 수학적 물음에 대한 보편적인 답변으로 나타난다.

초기의 불안감을 극복한 수학자들은 은행가들이 한 번도 생각해본 적이 없는 걸 생각하는 데 이르렀다. 0과 음의 정수 -1, -2, -3, …은 방정식 $x+z=y$를 완전하게 만들고자 존재한다는 것이다.

음의 정수와 0이 뺄셈에 이바지한다면, 분수는 다른 연산에 충성을 바쳐야 한다. 그런데 분수 역시 똑같은 결과에 이바지한다. 분수도 기본적인 연산을 완전하게 만든다. 방정식 $x+z=y$가 양의 정수 중에 해를 갖지 못할 수 있듯, 방정식 $xy=z$도 정수 중에 해를 갖지 못할 수 있다.

이는 용납할 수 없다는 생각이 보편적이다. 3 곱하기 어떤 수가 7이 되는 그런 수가 존재하는가? 존재한다면 방정식 $3x=7$은 해를 가져야 한다. 해가 존재한다면 분명 1, 2, 3, 4, …… 중 하나는 아니다. 그것이 3일 경우 곱은 너무 크고, 2일 경우 곱은 너무 작다. 0과 1 사이에 정수가 존재하지 않듯 2와 3 사이에도 정수는 존재하지 않는다.

방정식을 거의 만족하는 수는 2의 형태로 존재한다. 한편으론, 나머지 개념에 호소해 모든 것이 순조롭다는 확신을 줄 수 있다. 방정식 $3x=7$은 정수해로 2를 갖고 절름발이 나머지로 1을 갖는다.

이런 장치는 오래전부터 전해 내려온 유명한 정리(유클리드 호제법)의 주제지만, 여기에 드러난 연산은 실제로 보통 사람들이 생각하는 나눗셈 개념은 아니다.

나눗셈이 있게 되면 십중팔구 나눗셈의 수들도 존재할 것이다. 결국 균형을 잡는 과정에서 감지된 결핍과 간단한 방정식 $xy=z$에 대한 불안감은 기초수학의 완성, 즉 과거엔 없던 새로운 수와 아울러 회복된 대칭 감각을 불러온다.

하나님만이 아는 것

어떤 수학책이든 결말에 이르면 탐정소설과 마찬가지로 갖가지 추론이 모인다. 오랫동안 못 보고 지나친 단서들이 앞으로 튀어 나온다. 새로운 전망을 얻게 되면서 사건은 일단락된다.

환의 개념은 이제껏 정수 $-3, -2, -1, 0, 1, 2, 3, \cdots$ 을 가장 광범위한 양상으로 나타내왔다. 정수가 본래 환인 것은 혼전 약정이 법적으로 계약인 것과 같다. 일반적인 환의 개념과 특별하고 생기 넘치는 정수의 존재 사이에 나타난 우연의 일치는 절대로 완벽하지 않다. 혼전 약정은 계약이지만, 모든 계약이 혼전 약정인 것은 아니다.

이와 마찬가지로 정수와는 상당히 다른 환도 존재하는 게 사실이다. 환과 정수 사이에 조화를 이루려면 특별한 조건이 갖춰져야 한다. 일반적인 환이 어떠하든 정수의 환은 양의 정수를 포함해야 하며, 이로써 정수의 환은 어둠과 빛으로 나뉜다. 그렇지 않다면 어디에서도 질서를 찾아볼 수 없을 것이다. 정수의 환은 공통인수를 없애는 능력, 즉 소거(약분)를 제공해야만 한다. 그렇지 않으면 간접 식별법이 존재하지 않을 것이다.

마지막으로 정렬 원리가 있다. 그 덕분에 애당초 어느 누구도 의심하지 않았던 사실, 즉 0과 1 사이에 아무것도 존재하지 않는다는 수학자의 주장이 가능했다는 점에서 정렬 원리는 유용하다. 이런 제약 조건을 가진 환은, 첫째로 여전히 환이고 둘째로 여전히 계약이라는 점에서 혼전 약정과 흡사하다. 하지만 환은 또한 다양하다. 이는 명칭의 혼동을 얼마간 가져왔다. 그에 비하면 법률가는 한층 나은 편이다. 약정에 서명을 하든 안 하든 혼전 약정은 혼전 약정이고, 그것이 문제의 결말이다.

소거법이 타당성을 갖는 환은 자주 정수환으로 불리며, 이따금 정역, 어둠과 빛으로 나뉜 정수환, 정렬된 정수환으로 불리기도 한다. 혹은 정렬된 정역, 정렬 원리를 만족하는 정렬된 정역은 '하나님만이 아는 것'으로 불린다.

아무려면 어떤가.

환은 정수에 대한 생생하면서도 심오한 개념을 우리에게 제공해주었다. 환은 해부학 수업에서처럼 매끈한 표피 바로 아래를 지나는 조직망(그 속에서 우리는 수를 다른 수에 더하고 곱하고 뺀다)을 노출시킴으로써 그 본질을 드러냈다.

하지만 아직까지도 환은 가장 일반적인 분수에 대해서는 무용지물인 상태로 남아 있다. 환은 이상적인 정수 형태를 보여주지만, 정수만 갖고는 충분치 않다. 환은 경험과 일치하지 않아서 분수를 수용하려면 보강이 필요하다. 다양한 비(非)상업적 약속을 포함시키고자 상업적 계약의 개념을 확장하듯 계약법에서도 이와 아주 흡사한 상황이 벌어진다. 경험의 원칙들 사이에 충돌이 빚어지는 법률과 마찬가지로 수학에서 분수와 어떤 종류의 약속이 모두 주어지고 추상적 구조가 이들을 불러 모을 경우에 자리를 양보해야 하는 것은 다름 아닌 추상적 구조다.

환의 개념은 줄곧 바뀌어왔지만, 다시 한 번 바뀌어야 한다. 가장 손쉬운 변화에는 분명한 것에 대한 인정과 그것을 이해하기 위한 다음과 같은 명령이 수반될 것이다. '분수는 존재한다. 그러니 어떻게든 이것이 사실임을 밝혀라.' 이처럼 분명한 명령을 나타내는 방식은 너무 거칠어서 도무지 친근감을 주지 않는다. 물론 분수는 존재하며, 그것이 존재하는 이유는 나눗셈을 가능케 하고자 함이다. 우리가 수학자에게 바라는 것은 분수의 본질에 대한 보다 진보적인 개념, 즉 그것이 존재하는 이유에 대한 보다 수준 높은 견해다.

| 항등원과 역원 |

0과 1은 인류 역사의 초기부터 기초수학에서 일정한 역할을 해왔다. 이들 수가 없는 것이 오히려 이상할 정도다.

0과 1은 자연수를 만드는 거대한 탑의 토대를 이룬다. 0은 탑의 밑바닥을 나타내고, 1은 탑이 한 번에 한 계단씩 올라가게 한다. 수 체계에서 0과 1 모두 반향 효과가 있다. 0은 항등원이다. 덧셈에서 0은 수를 자기 자신에 이르게 한다. 이를테면, 6 더하기 0은 6이다.

1 역시 곱셈에 대해 같은 역할을 한다. 즉, 6 곱하기 1은 6이다.

0과 1은 수 체계에서 '항등원'이라 불린다.

기초수학에서 두드러진 항등원의 존재는 한 가지 의문을 불러일으킨다. 수를 다시 자기 자신에 이르게 하는 항등원이 존재한다면 수를 다시 항등원에 이르게 하는 수도 존재하지 않을까? 이런 의문은 연산에 따라 나뉜다. 우선 덧셈의 경우를 살펴보자. 6 더하기 0이 6이라면 6에다 더해서 0이 되는 어떤 수가 존재하지 않을까?

물론 그런 수는 있다.

6 더하기 −6은 0이다.

게다가 임의의 수 a에 대해 $a+(-a)$는 0이므로 어떤 수든 0으로 회귀할 수 있다.

이런 수를 덧셈에 대한 '역원'이라고 한다. 역원은 수만큼이나 많다. 모든 정수가 덧셈에 대한 역원을 갖는다는 건 주목할 만한 사실이지만, 환의 정의 조항이 주어진다면 그리 놀라운 일도 아니다. 정수는 환이니

만큼 뺄셈의 가능성을 허용하지 않으면 안 된다. 방정식 $x+y=z$은 언제나 변함없이 해를 갖는다. 이 방정식이 해를 갖는다면 정수는 덧셈에 대한 역원을 갖는다. 32가 역원을 갖는지 여부에 확신이 서지 않는다면 $x+y=z$에서 z를 0으로 두라. 그럼 $32+y=0$이 된다. 그 결과 32에 더해서 0이 되는 어떤 수(−32)가 존재하며, 실제로 이는 의문을 품었던 수의 역원이다.

이쯤에서 '곱셈에 대한 역원은 어디에 있는가?' 하는 의문이 분명 생길 것이다.

분수는 일상적 삶의 필요에 의해 분수에 부과된 것보다 엄격하게 정의된 역할을 수행하고자 기초수학으로 들어온다. 분수는 곱셈에 대한 역원, 즉 곱셈에서 임의의 정수를 1로 되돌리는 수다. 역원으로 사용된 분수는 a^{-1}로 나타낸다. 분수로 사용된 역원은 $\frac{1}{a}$로 나타낸다.

근본적인 환의 개념에 최후의 조정이 필요하다. 소거법일까? 그것은 적재적소에 놓여 있다. 양의 정수일까? 이 역시 적절한 자리에 존재한다. 정렬 원리일까? 아마도 그럴 것이다. 한 번 살펴보자. 0이 아닌 모든 수 a에 대해 $a \cdot a^{-1}$이 1이 되는 역원 a^{-1}가 존재한다. 이런 요구를 만족하는 정수환(혹은 정역)은 종종 '체'(field) 혹은 '비가환체'(division ring)로 불린다.

이들의 종착지가 바로 분수인 셈이다. 체의 개념이 추가되면서 기초수학의 탑은 완성된다.

| 더 이상 증명할 게 없다 |

일상적 삶의 직관과 사실은 우리에게 양의 정수, 0, 음의 정수에 분수까지 가져다주었다. 이들의 존재에 대해서는 논쟁의 여지가 없다. 아주

세련된 해석학의 어떤 과정이 체의 개념과 함께 복잡하면서도 일반적인 구조로 마무리됐다. 이는 스페인 건축가 안토니오 가우디가 설계한 웅장하면서도 화려한 대성당 가운데 하나와 흡사하다. 어째서 우리는 오랜 경험을 통해 알게 된 것을 단순히 받아들지 않고 대수적 구조를 허용하는 걸까?

그런 의문은 답할 만한 가치가 있다. 환, 체, 혹은 그 밖에 어떤 것이 있든 없든 기초수학에서 우리의 삶은 계속될 것이기 때문에 더욱 그러하다. 오랫동안 흩어지고 단절돼 있던 기초수학의 전체 구조를 이루는 부분들이 체의 형태를 통해 공통된 관심사를 갖게 된 것으로 보인다는 게 그 답변일 것이다. 거기에는 가정의 우아함이 있으며, 보다 근엄하고 기품 있는 무언가를 위해 보편적 경험에 근거한 이런저런 얘기마저 묵살할 만한 힘이 있다.

보통의 상업적 관심사의 관점에서 분수는 깔끔지 못한 단위다. 분수에는 분명한 정체성이 결여돼 있다. 지금 2분의 1로 나타난 것은 언젠가 6분의 3으로 나타날 수도 있다. 어릴 때 배운 분수 조작의 법칙이 어른이 돼서는 당연한 것으로 여겨지지 않는다. 분수에 분수를 곱할 때 분자는 분자끼리 분모는 분모끼리 곱해나간다. 하지만 나눗셈에서는 분자와 분모를 바꾼 다음 곱셈을 진행한다. 이는 실제로 성공을 거둔다. 하지만 그것이 성공을 거두는 이유는 뭘까? 수가 곱셈의 역원을 갖는다는 단 하나의 가정으로 그런 의문이 모두 해소될 수도 있다는 이야기 전개는, 많은 것이 적은 것에 의해 힘을 잃고 마는 일종의 미학적 충격으로 작용할 게 틀림없다.

가령 방정식 $ax=b$와 이를 만족하는 수가 존재한다고 하자. x를 $a^{-1}b$로 두면 방정식은 언제든 풀 수 있을 것이다. 방정식의 중심축으로 작용하는 a의 역수는 그것만으로도 x로 나타낸 미지수를 밝히는 데 충분하다.

수가 역수를 갖는다는 가정만으로 분수는 부수적인 정체성을 띤다. 분수를 없애려는 생각은 누구도 하지 않지만, 분수는 이제 더 이상 절박한 대상이 아니다.

분수가 조작되는 규칙은 정확히 똑같은 가정에 의해 설명된다. 오랜 옛날부터 알려진 그러한 규칙은 오늘날에는 체의 정의로부터 이끌어낼 수도 있다.

정수 ad와 bc가 같을 경우 분수 $\frac{a}{b}$와 $\frac{c}{d}$도 같을까? 문제가 되는 것은 분수의 정체성이기 때문에 이런 의문은 결코 우습게 볼 일이 아니다. 물론 2분의 1과 10분의 5가 같은 분수임은 누구나 안다. 하지만 여기서 쟁점이 되는 것은 이를 아는지 '여부'가 아니라 이들 분수가 '어떻게' 같은가 하는 것이고 이 둘은 전혀 다른 문제다. 결국 분수가 조밀하다는 증명에 착수하는 것은 분수의 정체성이다. 분수의 보편적 정체성이 확실한 근거를 갖는다는 안정감이 없다면 증명은 실패할 것이다.

증명이 필요한 것은 다음의 명제다.

$$\frac{a}{b} = \frac{c}{d} \text{ 이면 } ad = bc \text{ 이다}$$

이는 순전히 가설적 진술이다. 그것을 전체적으로 증명하려면 전건을 가정해 이런 가정으로부터 후건을 유도하는 것만으로도 충분하다.

그럼 다음과 같이 가정해보자.

$$\frac{a}{b} = \frac{c}{d}$$

역수의 정의에 의해

$$\frac{a}{b} = ab^{-1}$$

같은 정의에 의해

$$\frac{c}{d} = cd^{-1}$$

이들 식을 한 번에 나타내면 다음과 같다.

$$\frac{a}{b} = \frac{c}{d} = ab^{-1} = cd^{-1}$$

이러한 등식은 결합법칙, 교환법칙과 결합하여 분수의 내적인 본질을 형성한다.
첫째, $b^{-1}b$가 1이라는 정의에 의해 다음과 같은 식이 성립한다.

$$ad = a(b^{-1}b)d$$

그렇지 않다면 다른 무엇으로 나타낸단 말인가?
둘째, $a(b^{-1}b)d$를 $(ab^{-1})bd$로 바꾸면 다음의 결과를 얻는다.

$$ad = (ab^{-1})bd$$

어떻게 그런 일이 가능했을까? $a(bb^{-1})$에 결합법칙을 적용하고 괄호의 위치를 왼쪽으로 옮겨 $(ab^{-1})b$를 만들면 된다.

다음으로 등식 $\frac{a}{b}=\frac{c}{d}=ab^{-1}=cd^{-1}$에 의거해 ab^{-1}를 cd^{-1}으로 대신한다.

$$ad = cd^{-1}bd$$

이쯤에서 잠시 멈추고 살펴보라.

교환법칙에 의해 $cd^{-1}(bd)=cd^{-1}(db)$이므로 다음과 같은 등식이 성립한다.

$$ad = cd^{-1}(db)$$

여기서 결합법칙에 의해 괄호를 옮기면 $cd^{-1}(db)=c(d^{-1}d)b$가 된다.

$$ad = c(d^{-1}d)b$$

두 수 $d^{-1}d$는 서로를 지워 1이 되면서 cb를 만들어낸다. 그리고 교환법칙에 의해 이는 bc로 바뀐다.

따라서 다음의 등식이 성립한다.

$$ad = bc$$

이로써 모든 게 끝났다. 기호의 마술인 동시에 마술과 같은 기호 아닌가?

이런 논의는 통찰력은 물론 아무런 지식도 필요로 하지 않는다. 그것은 다만 두 수 a와 d의 곱이 다양한 항등식을 통해 마지막에 b와 c의 곱이 될 때까지 이어지는 기계적인 연습에 불과하다.

증명이 가져다주는 새로운 사실은 없다. 그런 의도로 증명한 것이 아니다. 이는 새로운 이야기다. 우리가 이제껏 한 일은 체의 정의로부터 분수의 성질을 이끌어낸 것에 지나지 않는다.

이것이야말로 새로운 것이다.

그 밖에도 널리 알려진 분수의 성질 역시 같은 방식으로 유도할 수 있으며, 그에 따라 자율적 중개 역할을 맡은 분수는 체만 남겨둔 채 자취를 감춘다.

| 이야기의 끝 |

하지만 기초수학의 이야기에 끝은 없다. 물론 시작도 없다. 페아노 공리는 나름의 입지가 있지만, 그 밖의 여러 가지 것들 가운데 하나일 뿐이다. 따라서 그것만으론 수학, 즉 기초수학이 인간 정신의 불가해한 측면에 근거하고 있다는 사실 외에는 아무것도 알 수 없다. 체의 정의는 또 다른 입지를 갖지만, 이 역시 다른 여러 가지 것들 가운데 하나일 뿐이다. 따라서 그것만으론 수학, 즉 기초수학의 추상적 개념을 만들어내고 이를 믿으려면 인간 정신의 온힘을 쏟지 않으면 안 된다는 사실 외에는 아무것도 알 수 없다.

어느 수학 분야와 마찬가지로 기초수학은 일종의 예술 작품이나 다름없지만, 다른 분야와는 달리 오랜 세월에 걸친 집합적 산물이다. 거기에는 범접하기 어려운 수학자뿐만 아니라 우리 주변에 있는 상인, 은행가, 회계사의 노력이 깃들어 있다. 우리들 대부분에게 기초수학은 손에

닿을 만큼 가까이에 있으면서도 우리의 상상을 뛰어넘은 위업을 가장 잘 보여주는 위대한 수학적 고찰의 일부를 이룬다.

| 맺 는 말 |

    나폴레옹의 이집트 정복에 관한 회고록에서 로비고 공작은 갈등과 명예, 우아한 도덕률이 당시 사람들의 삶을 형성한 방식을 논리정연하게 기술했다.
    이야기의 소재는 오스만 제국을 통치하던 왕조의 변화무쌍하고 일관성 없는 충절이다. 1728년 조지 왕조 시대에 태어난 알리 베이는 이집트에서 오스만 제국의 통치에 맞서 반란을 성공적으로 이끌었다. 로비고 공작에 따르면, "인정 많고 천부적인 재능을 타고난 알리 베이는 유일하게 이집트인의 존경을 받는 오스만 제국의 지방 장관으로 보였다."
    반란의 주동자로 낙인이 찍힌 알리 베이는 이집트 총독으로서의 영향력을 잃기 시작해 급기야 1773년에 암살됐다. 이로써 그의 삶과 더불어 권력도 종지부를 찍기에 이르렀다.
    암살자 가운데는 그의 경쟁자인 무라드 베이가 있었다. 암살 사건은 "옹졸한 폭군들 사이에서 흔히 벌어지는 소란 가운데 하나"였다고 공작은 냉정히 기술했다.

알리 베이의 신하 가운데는 하산 베이가 있었다. 권력과 명성의 상징인 베이(bey)라는 직함을 하산에게 준 사람은 알리 베이였다.

하산 베이의 마음 한쪽에서는 복수에 대한 열망이 불타오른 반면, 다른 한쪽에서는 거기서 벗어나고픈 마음도 생겼다.

하산 베이는 "뛰어난 전사"였지만, 카이로 부근에서 벌어진 전투에서 무라드에게 패한 후로 "적의 맹렬한 추격을 받았다."고 공작은 기술한다.

마침내 이야기는 절정에 이른다. 적에게 패한 하산 베이는 "자신이 총애하는 첩의 거처에서 은신처를 찾았다." 적에게서 달아나려 할 때 자신의 정부(情婦)에게 의지할 수도 있다는 생각은 오늘날 군대에서는 통용되지 않는다. 그 점에 대해서는 다른 어디든 마찬가지일 것이다. 하지만 "근동 국가에서 환대법은 신성한 것으로 여겨졌다."고 공작은 감탄해마지 않는다.

그 후로 손에 땀이 나는 모험담이 수차례 뒤따르고, 바람둥이 하산 베이는 첩의 거처를 빠져나와 변장까지 해가며 용케도 붙잡히지 않았다. 하지만 결국엔 무라드 베이와 꿈에도 생각지 않던 동맹을 맺었다.

이런 이야기가 어디까지 사실인지는 알 수 없다. 그 점은 로비고 공작 역시 마찬가지였을 것이다.

'첩의 거처에서 은신처를 찾던 때가 있었다.'는 따위의 표현은 근동 지역을 바라보는 케케묵은 서양인의 시각임에 분명하지만, 위의 이야기는 사람들의 호기심을 끌기에 충분할 만큼 흥미진진하다.

〈술탄이 있는 하렘[41]의 풍경〉이란 그림을 그린 장 밥티스트 뱅 무르는

---

41) 이슬람 국가에서 왕이나 부유한 남자가 거느리는 여러 명의 후궁이나 첩, 혹은 이들이 생활하는 궁중이나 가정의 내실을 가리킨대(옮긴이).

로비고 공작의 회고록은 감히 생각지도 못했다. 그도 그럴 것이 그는 나폴레옹이 이집트를 정복하기 이전 시대에 활동한 인물이기 때문이다. 그럼에도 그는 동방의 국가에 정통했으며, 콘스탄티노플[42]에 살았다. 이슬람 국가의 궁전 내실과 거기서 살아가는 여인들에 자연스럽게 관심을 가졌던 또 다른 화가 장 레옹 제롬과 달리 그는 오스만 제국의 궁궐과 궁중 내부도 드나들었다. 이 책의 속표지를 이루는 〈술탄이 있는 하렘의 풍경〉은 하렘의 실내 모습을 보여준다. 구상 면에서 네덜란드풍을 따르고 양식 면에서 프랑스풍을 따른 이 그림은 매우 세련된 작품이다.

그림은 직사각형으로 된 큰 방을 보여준다. 벽 쪽으로는 길고 낮은 의자가 놓이고 직조된 양탄자가 깔려 있으며, 정사각형 혹은 직사각형의 타일이 바닥을 이룬다. 방은 당시의 시대 풍조를 여실히 보여주지만, 정확한 기하학적 문양과 우아한 장식이 한데 어우러졌다는 점에서 현대적이라고 할 수 있다. 그림에는 전반적으로 세 가지 형태만이 등장한다. 정사각형, 직사각형, 하렘에 거주하는 여러 후궁들과 낮은 탁자에 나타난 원통형이 바로 그것이다. 하지만 이들 형태는 하나의 형태가 갖는 세 가지 측면을 반영한다. 직육면체나 원통형도 결국 직사각형을 말아서 만든 것에 지나지 않는다. 뱅 무르의 그림은 적어도 형태의 경제학에서 연구해볼 만한 대상이다.

방 안에는 19명의 여인들이 있다. 키가 크고 호리호리한 이들은 오스만 양식의 옷을 입고 있다. 중앙에 있는 두 여인은 작은 악기를 손에 들고 연주하는 듯이 보인다. 그 중 한 사람은 몸을 뒤로 젖힌 채로, 터키모를 쓴 다른 한 사람은 앞 사람을 바라보며 춤을 춘다.

---

[42] 터키 이스탄불의 옛 이름(옮긴이).

술탄이 있는 하렘의 풍경

　방의 오른쪽에는 세 명의 여인이 낮은 탁자 주변에 배치돼 있다. 그 중 한 사람은 앉아 있는 흑인 하인(아마도 하렘의 환관일 것이다)의 시중을 든다. 다른 한 사람은 고개를 돌려 이들 두 사람을 바라본다. 나머지 사람은 탁자에서 접시를 치우려는 참이다.

그림 규모로 볼 때 작게 그려진 술탄은 직사각형의 긴 의자에 반쯤 몸을 기댄 채 무릎을 편하게 벌리고 앉아 있다. 그는 붉은색의 통 넓은 바지를 입고 있다. 하렘의 여인 하나가 그의 시중을 드는 중이다. 남성미라고는 찾아보기 힘든 술탄은 곁에 앉은 또 다른 여인과 대화를 나누고 있으며, 그녀는 술탄을 바라보고 있다. 이 그림에 로비고 공작의 회고록을 갖다 붙이면, '후궁의 거처에서 여유를 부리는 군주'라고 해야 할 것이다. 군주는 붉은색 바지를 입은 하산 베이이고 그의 시중을 드는 여인은 무라드 베이의 후궁이기 때문이다.

후궁의 거처에서 편안함을 느낀다고는 해도 여인들 가운데 유일한 전사인 술탄은 이질적인 존재임에 틀림없다. 미묘한 느낌을 자아내는 이 작품은 그림의 풍경이 불러일으키게 돼 있는 절박하면서도 완전한 것과 복잡하지만 세련된 것 사이의 차이를 넌지시 비출 뿐, 드러내놓고 보여주지 않는다. 후궁의 거처에서 다소 느긋해진 술탄의 용맹함은 검푸른 눈을 가진 여인들, 산해진미, 치터 소리, 실크로 만든 쿠션, 따뜻한 대기 중에 은은히 퍼지는 향기, 세련된 문명이 일궈낸 예술작품 등에 의해 여지없이 무너지고 만다. 하지만 술탄만큼이나 여인들 역시 느긋하다. 그는 술탄이고 여인들은 그의 노예나 다름없기 때문에, 그들의 위대한 기예는 스스로 창조할 수 없으며 어떤 경우에도 통제할 수 없는 상극적인 힘에 이바지한다.

그리하여 술탄과 하렘의 여인들 사이엔 균형이 존재한다. 정교하게 꾸민 그물 모양의 방은 원시적인 것(주어진 것)과 문명화된 것(만들어진 것)이 만족스럽게 서로를 찾아내는 순간의 균형을 보여준다.

지금 나는 수학에 관한 얘기를 하고 있는 중이다.

이제는 여러분도 내 말뜻을 이해할 것이다. 부디 그러하길 바란다.

| 인명 및 저서명 찾아보기 |

가렛 버코프 Garrett Birkhoff 173, 220
게오르그 칸토어 Georg Cantor 20, 34, 35, 38, 73
게오르그 폴리아 George Pólya 195
『경이적인 로그법칙의 기술』 Mirifici Logarithmorum Canonis Descriptio 102
『계약』 Contract 48, 182
고드프리 해럴드 하디 Godfrey Harold Hardy 197, 198
고트프리트 라이프니츠 Gottfried Leibniz 71
고틀로브 프레게 Gottlob Frege 84
괴스타 미타그 레플러 Gösta Mittag-Leffler 146
기욤 William of Champeaux 53, 54
『나의 불행한 이야기』 Historia Calamitatum 54
닐스 아벨 Niels Abel 80, 211
다비트 힐베르트 David Hilbert 34, 171, 178, 184
『대수』 Algebra 173
『대수의 기본 개념』 Basic Notions of Algebra 175
디오판토스 Diophantus 156, 157
라이너 마리아 릴케 Rainer Maria Rilke 160
『러시아에서의 어린 시절』 A Russian Childhood 147
레오폴트 크로네커 Leopold Kronecker 18~20, 25, 73
로버트 오펜하이머 Robert Oppenheimer 43
로비고 공작 Duke of Rovigo 241~243, 245
로이벤 허시 Reuben Hersh 28

루카 파치올리 Luca Pacioli 161
르네 데카르트 René Descartes 142
르네 톰 René Thom 196
리하르트 데데킨트 Richard Dedekind 61, 67, 68, 71~74, 80, 81, 91, 92, 179, 184
무라드 베이 Mourad Bey 241, 242, 245
바르텔 렌데르트 반더베르덴 Bartel Leendert van der Waerden 179
바스카라 Bhaskara 157
버트런드 러셀 Bertrand Russell 22, 23, 34, 38, 58, 60, 64, 84
『복원과 대비의 계산』 The Book of Restoration and Equalization 29
볼프강 파울리 Wolfgang Pauli 72
브라마굽타 Brahmagupta 211
블라디미르 코발레프스키 Vladimir Kovalevsky 145, 146
블레이즈 파스칼 Blaise Pascal 134
사디 카르노 Sadi Carnot 168
사운더스 맥 레인 Saunders Mac Lane 173, 194, 220
『산술, 기하, 비율 및 비례 총람』 Summa de Arithmetica, Geometrica, Proportioni et Proportionalitá 161
『삼각법과 이중 대수』 Trigonometry and Double Algebra 170
『새로운 방법으로 표현된 산술의 원칙』 Arithmetices Principia, Nova Methodo Exposita 61
새무얼 윌스턴 Samuel Willston 182
성 히에로니무스 Saint Jerome 55
소냐 코발레프스키 Sonya Kovalevsky 142~147
"수는 무엇이고, 또 무엇이어야 하는가?" Was sind und was sollen die Zahlen? 67
『수리 논리학 입문』 Introduction to Mathematical Logic 45

『수리 철학의 기초』Introduction to Mathematical Philosophy 22

『수학은 정말 무엇일까?』What Is Mathematics, Really? 28

〈술탄이 있는 하렘의 풍경〉Harem Scene with Sultan 242~244

스티븐 클린Stephen Kleene 112

『아라비아 사막 여행』Travels in Arabia Deserta 109

아리스토텔레스Aristotle 43~45, 53, 55

아메넴헤트Amenemhat 199

아부 자파르 무하마드 이븐 무사 알 콰리즈미Abu Ja'far Muhammad ibn Musa al-Khwarizmi 29, 30

아서 케일리Arthur Cayley 119~121

아우구스투스 드 모르간Augustus De Morgan 84, 118~122, 134, 170~172, 184

이이작 뉴턴Issac Newton 118, 122

아이작 토드헌터Issac Todhunter 119

안토니오 가우디Antoni Gaudí 235

알랭 콘느Alain Connes 10

알렉산더 그로탕디에크Alexander Grothendieck 196

알렉산더 맥팔레인Alexander Macfarlane 119

알렉산더 헨리 린드Alexander Henry Rhind 199

알론조 처치Alonzo Church 45, 46

알리 베이Ali Bey 241, 242

알프레드 에드워드 하우스먼Alfred Edward Housman 197

앙셀름Anselm of Laon 54

『어느 수학자의 변명』A Mathematician's Apology 197

에드문트 란다우Edmund Landau 8, 166

에르빈 슈뢰딩거Erwin Schrödinger 89

에른스트 체르멜로Ernst Zermelo 38

에미 뇌터Emmy Nöther 176~180, 184

에밀 아르틴Emil Artin 179

에바리스트 갈루아Évariste Galois 80, 175, 212

에블린 워Evelyn Waugh 48, 225

에이브러햄 링컨Abraham Lincoln 58

엔리코 페르미Enrico Fermi 60

엘로이즈Héloïse 54~56

엘리너 루스벨트Eleanor Roosevelt 187

『오르가논』Organon 43

요하네스 케플러Johannes Kepler 40

『원론』Elements (유클리드) 58, 59, 75, 134

윌리엄 로원 해밀턴William Rowan Hamilton 119

윌리엄 킹덤 클리퍼드William Kingdom Clifford 119

윌리엄 테쿰세 셔먼William Tecumseh Sherman 19

유클리드Euclid 10, 57~59, 61, 62, 67, 73~76, 110, 124, 134, 156, 157, 175, 227

율리우스 카이사르Julius Caesar 85

이고르 로스티슬라보비치 샤파레비치Igor Rostislavovich Shafarevich 175

장 듀도네Jean Dieudonné 76

장 레옹 제롬Jean-Léon Gérôme 243

장 로스켈리누스Jean Roscelin 51~53

장 밥티스트 뱅 무르Jean-Baptiste van Mour 242, 243

"정리의 순서에 관하여"On the Order of the Theorems 40

제임스 조지프 실베스터James Joseph Sylvester 119, 120

조르주 르메트르Georges Lemaître 68

조지 부울George Boole 84, 119
조지 피콕George Peacock 119, 122
조지프 M. 페릴로Joseph M. Perillo 48
존 네이피어John Napier 102
존 매덕스John Maddox 48
존 업다이크John Updike 158
존 폰 노이만John von Neumann 197, 198
존 허셜John Herschel 122
존 D. 칼라마리John D. Calamari 48
주세페 페아노Giuseppe Peano 57, 60~67, 84, 87, 110, 134, 139, 140, 149, 152, 239
지롤라모 카르다노Girolamo Cardano 211
찰스 다윈Charles Darwin 145
찰스 배비지Charles Babbage 122
찰스 샌더스 퍼스C. S. Peirce 84
찰스 M. 다우티Charles M. Doughty 109, 110
『초(超)수학 개론』Introduction to Metamathematics 112
카를 바이어슈트라스Karl Weierstrass 145, 146
카를 프리드리히 가우스Carl Friedrich Gauss 71, 80, 208, 212
칼 구스타프 야코비Carl Gustav Jacobi 118, 119
쿠르트 괴델Kurt Gödel 43
크로이소스Croesus 47
클라우디오스 프톨레마이오스Claude Ptolemy 40~42
토머스 리드Thomas Reid 44
토머스 에드워드 로렌스T. E. Lawrence 109, 110
토머스 페닝턴 커크먼Thomas Penyngton Kirkman 119
티르토프Tyrtov 143
티에리Thierry of Chartres 16
파니 프라우스니체르Fanny Prausnitzer 20

파벨 알렉산드로프Pavel Alexandrov 177
파올로 루피니Paolo Ruffini 211
파울 고르단Paul Gordan 177
펠릭스 클라인Felix Klein 178
폴 에어디쉬Paul Erdős 195
프랜시스 마세레스Francis Maseres 158, 162
플라톤Plato 44, 52
피에르 아벨라르Pierre Abélard 51~56
페터 디리클레Peter Dirichlet 73
하산 베이Hassan Bey 242, 245
『해석학의 기초』Foundation of Analysis 8
허버트 케네디Hubert Kennedy 64
헤로도토스Herodotus 47
헨리 존 스탠리 스미스Henry John Stanley Smith 119
『현대 대수학 개론』A Survey of Modern Algebra 194
호라티우스Horace 27
호르헤 루이스 보르헤스Jorge Luis Borges 176
호메로스Homer 27
"환에서의 이데알론" Idealtheorie in Ringbereichen 179

이것은 수학입니까?

2013년 7월 10일 초판 2쇄 발행

지은이 데이비드 벌린스키
옮긴이 이경아
펴낸이 박래선 · 신가예
펴낸곳 에이도스출판사
출판신고 제25100-2011-000005호

주소 서울시 강북구 삼각산동 SK북한산시티 153-304
전화 070-7608-3190
팩스 02-989-3191
이메일 eidospub.co@gmail.com

디자인 김경주

ISBN 978-89-966022-7-9

잘못 만들어진 책은 구입하신 서점에서 바꾸어 드립니다.